W0257512

DIE PUERPERALE WUNDINFEKTION

VON

DR. ALBERT HAMM

OBERARZT AN DER UNIVERSITÄTS-FRAUENKLINIK
IN STRASSBURG I. E.

SPRINGER-VERLAG BERLIN HEIDELBERG GMBH 1912

ISBN 978-3-662-32311-3   ISBN 978-3-662-33138-5 (eBook)
DOI 10.1007/978-3-662-33138-5

Inhaltsangabe.

A. Historischer Ueberblick über die Saprämielehre.

Als F e h l i n g in der zweiten Auflage seiner «Physiologie und Pathologie des Wochenbetts» (1897) hervorhob, daß e i n - g e h e n d e b a k t e r i o l o g i s c h e U n t e r s u c h u n g e n n o c h u n e r l ä ß l i c h seien, um festzustellen, was p u t r i d e I n t o x i k a t i o n ist, was nicht, war die bakteriologische Wissenschaft bereits zu einem so ansehnlichen Entwicklungs-stadium herangereift, daß eine baldige Lösung dieser Frage füglich zu erwarten gewesen wäre. In der Tat ist in Frankreich schon 5 Jahre später durch J e a n n i n [1] eine Publikation erschienen, in der die bakteriologisch und klinisch eingehend begründete Schlußfolgerung aufgestellt wurde, daß auch die p u t r i d e n puerperalen Infektionen in allen Variationen auf-treten können (p. 246), von der einfachen Endometritis bis zur allgemeinen Sepsis oder Pyämie! Die Möglichkeit einer r e i n e n p u t r i d e n I n t o x i k a t i o n lehnte J e a n n i n ab, und so ist die D u n c a n sche Saprämielehre aus den modernen französischen Lehrbüchern der Geburtshilfe auch ganz ge-schwunden.

Nicht so bei uns in Deutschland! Hier hat es voller 15 Jahre bedurft, bis die durch ihren therapeutischen Erfolg so wohl begründet erschienene Lehre der «putriden Intoxikation» ernstlich ins Wanken geriet, und zwar, nachdem sie sich zuvor noch zu einer Höhe hatte entwickeln dürfen, die selbst D u n - c a n sicherlich nicht vorausgeahnt hatte!

Bereits vor D u n c a n hatte S p i e g e l b e r g [2] auf der ersten Versammlung deutscher Gynäkologen in München (15. Sept. 1877) den Versuch gemacht, die puerperalen Fieber

---

[1] J e a n n i n, Etiologie et pathogénie des infections puerpérales pu-trides. Thèse de Paris, 1902.
[2] S p i e g e l b e r g, Arch. für Gyn., Bd. 12. 1877, p. 308.

einzuteilen in die Gruppe der einfachen, durch Fäulniskeime erzeugten Wundeiterung und in die Gruppe der Erkrankungen, die durch Aufnahme des eigentlichen Wundgiftes (eines damals noch unbekannten «contagium animatum») hervorgerufen werden.

Bei der ersten Gruppe, derjenigen der putriden Wundeiterung, wollte Spiegelberg wieder eine Unterscheidung gemacht wissen zwischen solchen Fällen, bei denen das vorhandene Fieber sich erklärt aus der Resorption der bei der Eiterung gebildeten Produkte und solchen, wo bloß eine reichliche Resorption chemischer Fäulnisprodukte (= putride Resorption im engsten Sinne) stattfindet.

Infolgedessen empfahl Spiegelberg bloß bei der putriden Wundeiterung eine lokale Behandlung; nützen könne sie vielleicht auch bei der eigentlichen Wundvergiftung, aber nicht heilen, da das Gift bei dieser tief in die Gewebe eingedrungen sei und sich dort vermehre!

Wie aus den Diskussionsbemerkungen hervorgeht, fanden die Ausführungen Spiegelbergs damals nur wenig Anklang, so daß in der Tat mit einem gewissen Recht Duncan allgemein als Vater der Saprämielehre genannt wird. Wir können es daher nicht unterlassen, auf den am 20. Oktober 1880 vor der «Midland Medical Society at Birmingham» gehaltenen geistreichen Vortrag Duncans[8]) etwas ausführlicher einzugehen.

Nachdem Duncan zunächst Stellung genommen hat gegen die damals aufkommende Ansicht, bloß die schweren Fälle von Pyämie und Sepsis als richtiges Puerperalfieber anzuerkennen, weist er darauf hin, daß die leichteren Kindbettfieberfälle entweder beruhen auf lokaler Wundentzündung («simple inflammatory or traumatic fever»), zu der er auch die Parametritis, Perimetritis und die Peritonitis rechnet, oder auf einfacher putrider Intoxikation («simple putrid intoxication or sapraemia»); häufig seien allerdings beide Formen kombiniert! Andererseits könne aber die putride Intoxikation auch zusammen mit Pyämie und Sepsis vorkommen, so daß es verständlich erscheine, daß diese Erkrankungsformen früher als

---

[8]) M. Duncan, Treatment of puerperal fever. The Lancet, 1880, Vol. II, p. 683 u. 721.

reine «d i s e a s e s o f p u t r e f a c t i o n» angesehen wurden. Dies sei allerdings ein Fehler; denn die Mikroorganismen, die Pyämie und Sepsis hervorrufen, verursachten keine Putrescenz, sondern sie gehen ins B l u t über, w o s i e s i c h d a n n i n s U n e n d l i c h e v e r m e h r e n. Hingegen könne b e i d e n P u t r e s c e n z e r r e g e r n (z. B. B. proteus) z w a r a u c h e i n Ü b e r g a n g i n s B l u t v o r k o m m e n, aber sie können dort nicht weiterleben, geschweige denn sich vermehren!

Bei der putriden Intoxikation wirke also bloß der Übergang der Fäulnisprodukte, des «S e p s i n s», eines c h e m i - s c h e n», n i c h t eines «l e b e n d e n» Giftes durch seine Aufnahme ins Blut; es werde dort zwar schnell zerstört, da es nicht fermentartig weiter wirken könne; aber dadurch, daß aus dem Zersetzungsherd immer neue Fäulnisprodukte nachströmten, daure die Erkrankung fort. Das Problem der Heilung der Saprämie bestehe daher einfach darin, «to stop the supply of the poison»!

Aus diesem Grunde müsse man bei allen Puerperalfieberfällen nach Putrescenz fahnden, und, wo solche zu finden, d i e z e r s e t z t e S u b s t a n z (retinierte Lochien, Blutgerinnsel, Eihautfetzen, Placentarreste oder hypertrophische Stücke der Decidua) a u s g i e b i g z u e n t f e r n e n s u c h e n. Er empfiehlt die antiseptischen Spülungen bei Saprämie weniger zur Zerstörung der Bakterien auf der Wundfläche, als vielmehr zur Entfernung der zersetzten Stoffe, der chemischen Fäulnisgifte. Mit einer derartigen, rechtzeitig eingeleiteten Therapie könne man bei saprämischem Puerperalfieber wahre Wunderkuren machen.

D u n c a n ist sich allerdings bewußt, daß er die Pathologie der Saprämie vielleicht zu einfach hingestellt habe («perhaps J have made the pathology of sapraemia too simple»), und es ist ihm auch nicht entgangen, daß es Wöchnerinnen mit hochgradig putridem Wochenfluß gibt, bei denen man keine Spur einer Vergiftungserscheinung nachweisen kann, aber er hält den meist erzielten therapeutischen Erfolg bei der Saprämie für so glänzend, daß er seine Behandlungsmethode für jeden mit Putrescenz einhergehenden Puerperalfall warm empfehlen zu müssen glaubt.

Wir sehen also, daß prinzipiell die Ausführungen D u n c a n s gegenüber den Anschauungen S p i e g e l b e r g s nichts Neues darstellen; bloß die Einführung des Wortes « s a p r a e m i a » für S p i e g e l b e r g s «putride Resorption im engsten Sinne» ist neu! Ich weiß nicht,war es mehr bedingt durch die Klarheit seiner Darstellungsweise oder durch den Nachdruck, mit dem er den therapeutischen Erfolg lobte, jedenfalls war es erst den Ausführungen D u n c a n s vergönnt, auch in Deutschland allgemeine Anerkennung zu finden!

Bezeichnend scheint mir dabei die für die Begründung der Saprämielehre von A. K e h r e r[4]) hervorgehobene Angabe, die auch sonst immer wieder durchklingt: «Die Annahme einer reinen Intoxikation g r ü n d e t s i c h d a r a u f, daß nach gründlicher Reinigung und Desinfektion des Jaucheherdes Fieber und Allgemeinerscheinungen rasch schwinden können, w a s b e i m Ü b e r g a n g v o n B a k t e r i e n i n s B l u t u n d d e r e n R e p r o d u k t i o n i m K ö r p e r n i c h t z u e r w a r t e n w ä r e». Die Diagnose wird also hauptsächlich auf Grund der erfolgreichen therapeutischen Maßnahmen gestellt!

F e h l i n g[5]) zählt zur Saprämie — «s i c h e r e b a k t e r i o l o g i s c h e U n t e r s u c h u n g e n v o r b e h a l t e n! » — das «R e s o r p t i o n s f i e b e r», hervorgerufen durch Wucherung von «Saprophyten» in den vielfachen Quetschwunden der Vulva, Vagina und der Cervix, ferner das Fieber bei der sog. «Endometritis sub partu», sowie die Fieber beim Zurückbleiben von Eihäuten und Placentarstücken bezw. der ganzen Placenta im Uterus. F e h l i n g weist aber ausdrücklich den Ausspruch H ü t e r s zurück, daß «die Diagnose mittels des Geruchsinnes festzustellen» sei und reduziert ihn dahin, «daß ein putrider Geruch die Abwesenheit septischer Vorgänge h o f f e n läßt». Endlich hebt er hervor (p. 133), was wir sonst nirgends so offen zugegeben finden und was einen schweren Schlag gegen die entschieden zu optimistische Lehre D u n c a n s bedeutet, «daß einmal nach Entfernung eines jauchenden Placentarrestes Entfieberung eintritt, ein anderes

---

[4]) A. K e h r e r in P. M ü l l e r s Handbuch der Geburtshilfe, Bd. III, 1889, p. 416; s. dort auch die ganze ältere Literatur.

[5]) F e h l i n g. Die Physiologie und Pathologie des Wochenbetts. Stuttgart, 1897, p. 133.

Mal sich die Erscheinungen der S e p s i s daran anschließen».
F e h l i n g sucht die Erklärung für diese Tatsache in einer
Mischinfektion, speziell mit Streptokokken, eine Erklärung, die
bei Mitberücksichtigung der anaeroben Streptokokken auch
heute noch in vollem Umfang zu Recht besteht.

K r ö n i g hält in seiner im gleichen Jahre erschienenen
«Bakteriologie des Genitalkanales der schwangeren, kreißenden und puerperalen Frau» prinzipiell an der Einteilung der
Erreger des Puerperalfiebers in 2 große Gruppen fest, «in
solche, welche keine invasiven Eigenschaften haben, sondern
nur auf der Oberfläche der Wunde sich ansiedeln, dort durch
Zersetzung des ihnen zur Verfügung stehenden Materials
Toxine erzeugen, welche durch Resorption von den Wund-
flächen aus Fieber und eventuell den Tod der Wöchnerin zur
Folge haben; und ferner in solche, welche von der Wunde aus
in das Gewebe eindringen».

Aber mit Recht weist schon K r ö n i g auf den Mißstand
hin, daß «gerade in Publikationen geburtshilflichen Inhalts die
Fäulnisbakterien kurzweg als « S a p r o p h y t e n » bezeichnet
werden und daß diese Benennung geeignet sei, falsche Auffas-
sungen herbeizuführen (p. 293 u. 294). Er hebt hervor, daß der
D u n c a n sche Ausdruck «Saprämie» sich nicht deckt mit «Infektion mit Fäulnisbakterien», da er durch seine Untersuchungen
nachweisen konnte (p. 295), «daß auch die Fäulnisbakterien
invasive Eigenschaften haben können und unter bestimmten
Verhältnissen sich im Organismus vermehren, ja eine metastatische Infektion erzeugen können». An anderer Stelle (p. 154)
teilt er sogar mit, daß «auch anaerobe Bakterien ohne Mitwir-
kung pyogener Keime den Tod der Wöchnerin zur Folge haben
können».

Immerhin hält auch K r ö n i g an dem Begriffe der «Saprämie» fest, aber nicht nur «zur Bezeichnung der Resorption von
F ä u l n i s p r o d u k t e n im Organismus, sondern auch der
R e s o r p t i o n   v o n   S t o f f w e c h s e l p r o d u k t e n   d e r
p y o g e n e n   K e i m e » (p. 295). Dementsprechend faßt er
das Fieber in der Geburt, dem er ausgedehnte Untersuchungen
widmete, um den endgültigen Beweis für die Unrichtigkeit
der Lehre vom «funktionellen Geburtsfieber» zu erbringen, auf
als «eine Vergiftung des Körpers mit Stoffwechselprodukten
pathogener Mikroorganismen, die im Fruchtwasser gebildet

werden». Das Eindringen infektiöser Mikroorganismen ins mütterliche Gewebe hält er dabei nicht für wahrscheinlich; er verteidigt die ausschließliche R e s o r p t i o n   v o n T o x i n e n, aber nicht nur saprogener Bakterien, sondern auch von Streptokokken und Staphylokokken; das Fieber in der Geburt ist für K r ö n i g mithin ein typisches Beispiel der «Toxinämie T a v e l s»!

Von der Wichtigkeit der Anaerobier für die puerperale Infektion ist auch O l s h a u s e n[6]) überzeugt. Er hält eine Trennung zwischen Infektion im engeren Sinne und Intoxikation für unmöglich. «Können wir auch vielfach n a c h   A b - l a u f   d e s   P r o z e s s e s, besonders aber da, wo es zur Autopsie kam, sicher sagen, daß es sich um Infektion gehandelt hat, so ist doch an der Lebenden in zahlreichen Fällen, ja b e i   d e n   l e i c h t e r e n   E r k r a n k u n g e n   i n   d e r g r o ß e n   M e h r z a h l   d e r s e l b e n, eine E n t s c h e i d u n g darüber u n m ö g l i c h, ob die Mikroben lediglich durch die Resorption ihrer im Genitale gebildeten Toxine oder durch Invasion des Gewebes die Krankheitserscheinungen hervorgerufen hatten. **Praktisch ist eine Trennung zwischen Infektion und Intoxikation bisher nicht ausführbar,** und sie ist um so weniger gerechtfertigt, als die l e t z t e   U r s a c h e   d e r E r k r a n k u n g, wie auch des tötlichen Ausgangs h i e r w i e   d a   d i e   g l e i c h e   i s t,   n ä m l i c h   W u n d i n f e k - t i o n!»

Trotz diesen klaren und für unsere heutigen Anschauungen absolut überzeugenden Ausführungen O l s h a u s e n s kam es wenige Monate später beim VIII. Kongreß der «Deutschen Gesellschaft für Gynäkologie» in Berlin zu nicht unerheblichen Meinungsverschiedenheiten in der Auffassung des Puerperalfiebers, da der damalige Referent E. Bumm streng an der Trennung zwischen Wundinfektion und Wundintoxikation festhielt. Er bringt dafür allerdings keine bakteriologischen Belege, sondern bloß die Erfahrungstatsache, daß ihm (p. 277) «sowohl beim Studium der Vorgänge, als in klinisch-therapeutischer Hinsicht diese Trennung einen stets schätzbaren und nur selten täuschenden Leitfaden abgegeben» habe. Nach seinen Untersuchungen sind 60 % der von den Genitalien aus-

---

[6]) O l s h a u s e n. Über den Begriff des Puerperalfiebers etc. C. f. Gyn., 1899. Nr. 1.

gehenden Wochenbettfieber auf «Resorptionsvorgänge» zu beziehen. B u m m bestreitet (p. 280), daß die F ä u l n i s - k e i m e im Uterus der Wöchnerinnen i n v a s i v e E i g e n - s c h a f t e n entfalten können, ja er spricht solche sogar dem B. c o l i ab, obwohl er selbst[7] 1897 einen Fall von tötlicher Sepsis veröffentlicht hatte, «hervorgerufen durch B. c o l i, dessen Virulenz dem bösartigsten Streptococcus nichts nachgab».

Demgegenüber stellt sich F e h l i n g, besonders auf Grund der Untersuchungen von F r a n z[8] auf den Standpunkt O l s h a u s e n s, «daß vorerst eine Trennung zwischen Infektion und Intoxikation unmöglich ist», und K r ö n i g hält seine früheren Untersuchungen über die Bedeutung der Anaerobier auch für schwere und langdauernde Erkrankungen in vollem Umfange aufrecht.

Noch deutlicher präzisiert K r ö n i g seine Anschauungen ein Jahr später beim XIII. Internationalen medizinischen Kongreß in Paris (1900) dahin, daß er «eine eigentliche Bakteriämie oder Septikämie im Sinne R. K o c h s, durch anaerobe saprogene Bakterien zwar für unmöglich halte (p. 37); dagegen könne, ebenso wie bei der p y o g e n e n puerperalen Infektion, durch die anaeroben Fäulnisbakterien eine Metrolymphangitis mit nachfolgender Peritonitis, ebenso auch eine Metrophlebitis mit Metastasenbildung enstehen». K r ö n i g hält das durch saprogene anaerobe Bakterien bedingte Puerperalfieber für fast ebenso häufig wie das durch die pyogenen Streptokokken verursachte (p. 38); dagegen ist nach seiner Ansicht die r e i n e S a p r ä m i e, ohne jede Invasion der Bakterien ins Gewebe sehr selten.

D o l é r i s bezeichnet in seinem bakteriologisch auch heute noch beinahe als mustergültig zu bezeichnenden Referat beim gleichen Kongreß die Saprämie als « s e p t i c é m i e p u e r p é r a l e à f o r m e p u t r i d e», woraus seine ablehnende Stellung zur Saprämielehre im Sinne D u n c a n s zur Genüge hervorgeht! Hingegen stellt sich L e n h a r t z[9] in

---

[7] B u m m, Zur Kenntnis des Eintagsfiebers im Wochenbett. C. f. Gyn., 1897, Nr. 45, p. 1340.

[8] F r a n z, Über leichte Fiebersteigerungen im Wochenbett. Hegars Beitr., Bd. 3, 1900, p. 51.

[9] L e n h a r t z, Die septischen Erkrankungen, in N o t h n a g e l s Handbuch, Bd. III. 2, 1903, p. 451—462.

seiner Abhandlung über «die septischen Erkrankungen» noch durchaus auf den Boden der Saprämielehre.

Dem Vorschlage T a v e l s folgend, unternimmt v. H e r f f[10]) in seiner umfassenden Monographie über das Kindbettfieber (1906) die Einteilung der «Spaltpilzerkrankungen der Geburtswunden», neben den vorwiegend örtlichen Entzündungen der Eingangspforten oder um die Eingangspforten herum, in «B a k t e r i ä m i e» und «T o x i n ä m i e» unter ausdrücklichem Hinweis darauf, daß Bakteriämie stets mit Toxinämie verbunden ist, hingegen Toxinämie ohne Bakteriämie vorkommen könne (p. 646). Eine reine Toxinämie sei aber erst anzunehmen, wenn während des Lebens im Blute und nach dem Tode in der Leiche, weder dort noch in irgend einem inneren Organe mit Ausnahme an den Eintrittspforten, Spaltpilze nachgewiesen werden; die reinen Formen der Toxinämie seien daher selten (p. 645).

Schon v. H e r f f weist darauf hin (p. 421), daß die Einteilung der Spaltpilze in infektiöse, virulente und nicht infektiöse, nicht virulente Arten nicht ganz den Tatsachen entspricht, da s c h e i n b a r echte Saprophyten jederzeit höchst bösartig werden und die schlimmsten Parasiten noch lange Zeit als anscheinend harmlose Saprophyten in der Gebärmutterhöhle fortleben können (p. 407). Überhaupt macht sich das Bedürfnis nach einer e i n h e i t l i c h e n Auffassung und Schilderung des Kindbettfiebers bei der Abhandlung v. H e r f f s in überaus wohltuender Weise geltend! Zwar erlaubte der damalige Stand der geburtshilflich-bakteriologischen Forschung noch nicht, daß v. H e r f f sein System auf einer einheitlichen ätiologischen Grundlage aufbaute, wie er es intuitiv wohl mochte[11]); aber bei der ganzen Erläuterung der verschiedenen Krankheitsbilder dringt immer wieder die Überzeugung v. H e r f f s durch, daß ein strenge Scheidung zwischen «I n f e k t i o n» und «I n t o x i k a t i o n» nicht durchgeführt werden kann,

---

[10]) v. H e r f f, W a l t h a r d und W i l d b o l z, Das Kindbettfieber, 1906; in W i n c k e l s Handb. der Geburtshilfe, Bd. III, 2.

[11]) v. H e r f f, p. 337: «Die Ursache des Kindbettfiebers ist eine e i n h e i t l i c h e, beruht ausschließlich auf dem E i n d r i n g e n v o n S p a l t p i l z e n, daher muß die Schilderung auch eine einheitliche sein, gleichgültig, ob die Spaltpilze zu einer schweren Vergiftung oder zu einer Überschwemmung des Körpers mit Keimen führen».

daß Übergänge zwischen beiden vorkommen und die eine mit der anderen meist vergesellschaftet ist.

Nicht so F r o m m e! In seiner «Physiologie und Pathologie des Wochenbetts» führt F r o m m e [12]) mit staunenswerter Konsequenz die Einteilung der Fiebersteigerungen im Wochenbett durch in «solche Fieber (p. 103), die bedingt werden durch die saprophytären E i g e n k e i m e der Frau, die immer in der Scheide der Schwangeren und Wöchnerinnen leben, und solche Fieber, die er als « r i c h t i g e s P u e r p e r a l f i e b e r» bezeichnet, die verursacht werden durch importierte pathogene F r e m d k e i m e, vor allen Dingen den hochvirulenten Streptococcus»!

Auf Grund dieser « i n d e m a l l e r g r ö ß t e n T e i l d e r F ä l l e g e n a u d u r c h f ü h r b a r e n U n t e r s c h e i - d u n g» kommt F r o m m e zu folgendem Schema des Kindbettfiebers (p. 104):

I. Bedingt durch saprophytäre (Eigen-)Scheidenkeime.

　1. S a p r o p h y t e n wuchernd auf den Geburts- wunden, auf absterbenden Deciduafetzen, auf zurückgelassenen Eihäuten, auf Placentarresten (Wundfäulnis, Eintagsfieber, Intoxikationsfieber, Saprämie).

　2. S a p r o p h y t e n wuchernd in Thromben der Placentarstelle (T h r o m b o p h l e b i t i s, T h r o m - b o s e d e r B e c k e n v e n e n, P y a e m i a c h r o - n i c a).

II. Bedingt durch p a t h o g e n e F r e m d k e i m e (virulente Streptokokken) usw.

Daß « e i n d e r a r t i g e s G e b ä u d e» — um mit K r ö n i g [13]) zu sprechen — schon nach wenigen Monaten « i n s e i n e n G r u n d f e s t e n e r s c h ü t t e r t w e r d e n m u ß t e», war ja nach den bakteriologischen Forschungs- ergebnissen der letzten Jahre zu erwarten, und ich ver- mute, daß dieses System ebenso schnell in Vergessen-

---

[12]) F r o m m e, Physiologie und Pathologie des Wochenbetts. Berlin, 1910.

[13]) K r ö n i g, Diskussion zu meinem Vortrage in Baden am 23. Okt. 1910; H e g a r s Beitr. für G. G., Bd. 16, 1911, p. 48 des S. A.

heit geraten wird, wie die Bouillonlecithinmethode zur
Unterscheidung «virulenter» und «saprischer» hämolytischer
Streptokokken, auf der es ja lediglich aufgebaut ist! Aber
immerhin wird man F r o m m e s «Physiologie und Pathologie
des Wochenbetts» das Verdienst nicht aberkennen dürfen, den
— allerdings unfreiwilligen — Anstoß zu einer gründlichen
Revision unserer bakteriologisch-pathologischen Nomenklatur
gegeben zu haben; denn dadurch, daß F r o m m e die neuen
Entdeckungen den alten Vorstellungen anzupassen und mit den
dem Geburtshelfer gewohnten und lieb gewordenen [14]) Be-
nennungen zu charakterisieren suchte, hat er eine systematische
Verwirrung hervorgerufen, aus der nur ein radikaler Abbruch
und ein Zurückgehen auf die Quellen unserer systematischen
Einteilung wieder herausführen kann!

[14]) v. H e r f f, Kindbettfieber, 1906, p. 337: «Es erscheint durchaus folgerichtig, diese älteren Ausdrücke fallen zu lassen, deren Bedeutung nicht
mehr im geringsten den heutigen Kenntnissen entspricht, zumal für ihre
Beibehaltung, abgesehen von einer gewissen historischen Berechtigung,
e i g e n t l i c h n u r d i e l i e b e G e w o h n h e i t spricht.»

B. Wesen und Bedeutung der puerperalen Wundinfektion.

«Es ist viel schwerer, im Vielen
das Eine zu erblicken, als das Viele
in noch größere Vielheiten zu zer-
legen.»   Much.

So beginnen wir denn mit der alten Frage: Was ist Kindbettfieber?

Kindbettfieber ist Wundfieber, und Wundfieber beruht auf Wundinfektion, — darüber sind wir uns im Grunde genommen heute alle einig!

Wenn die Ansichten über die Äußerungen dieser Wundinfektion noch differieren, insofern als die einen als Folge der Infektion im erkrankten Organismus bald bloß die Symptome einer «reinen» Intoxikation, bald die einer «echten» Infektion, im Sinne von Bakterien-Invasion erkennen wollen, so liegt das neben dem oben bereits erwähnten Trugschluß, der aus dem Erfolge gewisser therapeutischer Maßnahmen gezogen wurde, hauptsächlich begründet in einer falschen Auffassung von dem Wesen der als Erreger der puerperalen Wundinfektion in Betracht kommenden Mikroorganismen.

Bevor wir auf diesen Punkt näher eingehen, wollen wir zunächst kurz erörtern, wie und woher überhaupt Infektionskeime in die frischen puerperalen Wunden gelangen können.

I. Verschiedene Infektionsarten.

Nach Analogie der bei den übrigen «offenen Körperhöhlen» des Organismus gemachten Erfahrungen [1] [2], mußte erwartet werden, daß auch in der Scheide normalerweise Keime gefunden würden, die sich von den pathogenen Mikroorganismen nicht ohne weiteres unterscheiden lassen. In der Tat wurden

[1] L. Krehl, Pathologische Physiologie, VI. Aufl., 1910, p. 212 ff.

[2] E. Gotschlich, Latentes Vorkommen der pathogenen Bakterien im Organismus in Kolle-Wassermanns Handb. der path. Mikroorg., Bd. I, 1903, pp. 145—157.

von W i n t e r [3]), W i l l i a m s [4]), T h o m e n [5]), D ö d e r l e i n [6]), C z e r n i e w s k i [7]), S t e f f e c k [8]), B u r g u b u r u [9]) u. a. in der Scheide nicht berührter Schwangerer Entzündungserreger nachgewiesen und als normales Vorkommnis bezeichnet. D ö d e r l e i n [10]) glaubte jedoch, derartige Keime bloß im «pathologischen» Scheidensekret auffinden zu können, während das normale Sekret, dank dem Säurebildungsvermögen der «S c h e i d e n b a z i l l e n», frei sei von Kokken.

Diese Einteilung in «normales» und «pathologisches» Scheidensekret konnten K r ö n i g [11]) und M e n g e [12]) nicht bestätigen. Nach ihren Untersuchungen an Schwangeren und Nichtschwangeren besitzt vielmehr jede Scheide eine «natürliche Immunität, die nicht an eine spezifische Bakterienart gebunden ist» (p. 821). Diese Lehre von der «S e l b s tr e i n i g u n g d e r S c h e i d e», die sich auf unzureichende und falsch gedeutete Impfversuche aufbaute, hat viele Jahre hindurch die Weiterentwicklung wichtiger bakteriologischer Fragen gehemmt.

Wenn die künstlichen Impfversuche der Scheide durch K r ö n i g und M e n g e zu einem negativen Resultat geführt haben, insofern als die eingeimpften pathogenen Keime (Pyocyaneus, Staphylokokken, Streptokokken u. a.) meist schon nach wenigen Stunden in der Scheide nicht mehr nachweisbar waren, so beweist das noch lange nicht, daß nicht andere Stämme derselben Art unter anderen Bedingungen sich in der Scheide hätten einnisten können. Ferner hat schon K n o bl a n c k [13]) hervorgehoben, daß das häufige Absterben von

---

[3]) W i n t e r, Zeitschr. f. G. G., Bd. 14, 1888, p. 443.

[4]) W i l l i a m s, Amer. Journ. Med. Sc., 1893, p, 45.

[5]) T h o m e n, Arch. für Gyn., Bd. 36, 1889, p. 230.

[6]) D ö d e r l e i n, Arch. für Gyn., Bd. 31, 1887, p, 412.

[7]) C z e r n i e w s k i, Arch. für Gyn., Bd. 33, 1888, p. 73.

[8]) S t e f f e c k, C. für Gyn., 1888, p. 449.

[9]) B u r g u b u r u, Arch. für exper. Path. u. Pharm., Bd. 30, 1892, p. 463.

[10]) D ö d e r l e i n, Das Scheidensekret und seine Bedeutung für das Puerperalfieber. Leipzig, 1892.

[11]) K r ö n i g, Über das bakterienfeindliche Verhalten des Scheidensekretes Schwangerer. D. M. W., 1894, p. 819.

[12]) M e n g e, Über ein bakterienfeindliches Verhalten der Scheidensekrete Nichtschwangerer. D. M. W., 1894, p. 867.

[13]) K o b l a n c k, Zeitschr. für G. G., Bd. 40, 1899, p. 92.

geimpften Bakterien auf Schleimhäuten, ja selbst in Geweben sehr bekannt ist, ohne daß eine besondere Kraft eines bestimmten Sekretes angenommen wird. Aber selbst wenn dem Vaginalsekret durch seinen Gehalt an «l e u k o c y t ä r e n B a k t e r i o c i d i n e n» eine gewisse keimtötende Kraft speziell für Streptokokken zukommt, wie die jüngsten Versuche von Z ö p p r i t z [14]) beweisen, so kann es doch keinem Zweifel unterliegen, daß für diese Frage wenige positive Bakterienbefunde in der Scheide weit mehr in die Wagschale fallen müssen als Hunderte negativer Impfversuche!

Später wurde dann von anderer Seite die U n s c h ä d l i c h k e i t der Scheidenkeime dadurch zu beweisen versucht, daß man rein statistisch die Morbiditätszahlen gespülter und nicht gespülter Kreißender verglich. Dabei wurde verkannt, was auch die neuesten Versuche von E s c h und S c h r ö d e r [15]) wieder deutlich illustrieren, daß wir durchaus nicht imstande sind, mit unseren Spülungen eine irgendwie länger dauernde Asepsis des Geburtskanals zu erreichen! Das einzige, was sich erzielen läßt — und was für operative Eingriffe so wichtig erscheint! — ist eine vorübergehende K e i m a r m u t; aber schon nach wenigen Stunden werden die in der betreffenden Scheide heimischen und offenbar in den Buchten der Schleimhautfalten zurückgebliebenen Mikroorganismen wieder nachweisbar und breiten sich durch F l ä c h e n w a c h s t u m über das ganze ihnen offenstehende Genitalrohr aus.

Häufigere, gründliche Desinfektion erträgt die Scheidenschleimhaut nicht; dadurch kommt es leicht zu einer Schädigung ihrer «natürlichen Resistenz», die sicher zum großen Teil auf völliger Intaktheit ihrer schleimigen Epitheldecke beruht, und so mußte es kommen, daß bei Gespülten sogar häufiger Fieber auftrat im Wochenbett als bei Nichtgespülten!

Endlich wurde die Unschädlichkeit der Scheidenkeime gesunder Frauen zu beweisen gesucht durch den negativen Ausfall der Infektionsversuche von Tieren. Daß derartige Experimente bei negativem Ergebnis absolut nicht beweisend sind,

---

[14]) B. Z ö p p r i t z, Über bakterizide Eigenschaften des Vaginalsekrets und des Urins Schwangerer, Monatsschr. f. G. G., Bd. 33, 1911, p. 287.

[15]) E s c h & S c h r ö d e r, Bakteriologische Studien über die Wirkung von Vaginalspülungen bei graviden Frauen. Zeitschr. für G. G., Bd. 70, 1912, p. 178.

wird jeder, der mit Streptokokken einmal tierexperimentell gearbeitet hat, sofort zugeben, und es wird sich heute wohl niemand mehr finden, der die Pathogenität eines Streptokokkenstammes für den Menschen aus seinem Verhalten Versuchstieren gegenüber zu bestimmen versuchte!

Nach den vielfachen positiven Bakterienbefunden der letzten Jahre im Scheidensekret schwangerer und nicht schwangerer Frauen, speziell auch nach dem so häufigen positiven Streptokokkenbefunde in der Vagina, muß es daher in Zukunft als sicher erwiesene Tatsache hingenommen werden, daß in der Scheide gesunder Frauen, ähnlich wie in der Mundhöhle sowie im Darmtraktus, pathogene Keime vorkommen können, deren Charakter als Infektionserreger auch dem eigenen Wirte gegenüber sich geltend machen kann [16]). Wir bezeichnen diese Keime als « e n d o g e n e » Keime, gegenüber den erst durch bestimmte Manipulationen kurz vor oder während der Geburt in den Genitalkanal gebrachten «exogenen» Keimen.

[16]) Ich möchte es nicht unterlassen, hier auf eine Mitteilung E. L e v y s zu verweisen, die in unserer Fachliteratur bisher nicht die ihr gebührende Beachtung gefunden hat. E. L e v y schrieb bereits 1894 in einer im «Archiv für öffentliche Gesundheitspflege in Elsaß-Lothringen» erschienenen Abhandlung « Ü b e r S e l b s t i n f e k t i o n b e i S c h w a n - g e r e n » (p. 170) wörtlich folgendes: «Unserer Überzeugung nach müssen die Mikroben der Vagina in der Ätiologie der Wochenbett-Infektionen berücksichtigt werden. Jedes, auch noch so sehr abgeschwächte Bakterium kann unter Umständen wieder virulente, bösartige Eigenschaften annehmen. Wir sind sogar in der Lage, experimentell im Laboratorium aus nicht virulenten Individuen einer Spezies virulente Exemplare derselben Spezies künstlich zu machen. Auch in der Natur sind sicherlich in nicht wenigen Fällen die Voraussetzungen hierzu gegeben. Das Mikrobion, welches gegen einen gesunden, kräftigen Organismus nicht anzukämpfen vermag, wird mit der größten Leichtigkeit in der Lage sein, diesen selben Organismus, wenn er durch äußere Schädlichkeiten sich geschwächt zeigt, zu besiegen. Gelegenheit zur Abschwächung des Organismus ist aber im Puerperium sicherlich genug gegeben. Die Anforderungen, welche der Geburtsakt, besonders wenn derselbe nicht normal verläuft, an die Frau stellt, der Blutverlust der in gewissen Fällen recht beträchtlich sein kann, setzt die Widerstandskraft des Organismus herab, macht ihn empfänglich für Mikrobien, deren er sich im normalen Zustand mit Leichtigkeit erwehren würde.
A u f d i e s e W e i s e i s t e s z w e i f e l s o h n e m ö g l i c h , d a ß d i e W ö c h n e r i n d u r c h d i e p a t h o g e n e n K e i m e , w e l c h e s i e i n i h r e r V a g i n a b i r g t , u n t e r U m s t ä n d e n i n f i z i e r t

Nun kann man einwenden, daß diese Unterscheidung keine ganz eindeutige ist, daß auch die «endogenen» Keime von außen in die Scheide hineingelangt sein müssen und somit bloß der Zeitpunkt der Einwanderung «endogener» und «exogener» Keime ein verschiedener ist.

Dem ist entgegenzuhalten, daß praktisch diese Unterscheidung trotz der Labilität ihrer Grenzen doch aufrecht erhalten werden muß, weil nur so unser geburtshilfliches Handeln richtig beurteilt werden kann. Kommt die Gefahr wirklich bloß von außen, müssen wir es somit unbedingt der Unvollkommenheit unserer s u b j e k t i v e n Asepsis zuschreiben, wenn eine Frau an Kindbettfieber erkrankt, oder haben wir auch mit der Möglichkeit einer Infektion durch Keime zu rechnen, die ohne das «Verschulden» von irgend jemandem (Arzt, Hebamme, Frau selbst, Ehemann, «andere Hausschwangere» etc.) sich in dem Genitalrohr zur Zeit der Geburt vorfinden? Das ist die Frage, die klinisch und forensisch eine so große Bedeutung hat!

Wir können daher aus praktischen Gründen auf diese Bezeichnungsweise nicht verzichten und werden in der Geburtshilfe als « e n d o g e n e » K e i m e d i e j e n i g e n a n s e h e n m ü s s e n, d i e i m S c h e i d e n s e k r e t e i n e r m e h r e r e T a g e n i c h t b e r ü h r t e n S c h w a n g e r e n o d e r K r e i ß e n d e n s i c h i m P r o l i f e r a t i o n s z u s t a n d b e f i n d e n.

Da durch zahlreiche und sehr zuverlässige Untersucher, B e n s i s [17]), N a t v i g [18]), W e g e l i u s [19]), K r ö n i g [20]),

---

w i r d! Damit soll jedoch selbstverständlich nicht gesagt sein, daß dieser Weg, diese Ätiologie der puerperalen Infektion die gewöhnlichen seien. Die meisten Puerperalfieber werden zweifellos verursacht durch unsaubere Hände, durch unsaubere Instrumente. Die Erkenntnis dieser Tatsachen hat zur Antisepsis, zur Asepsis geführt, hat die Sterblichkeit im Wochenbett auf ein Minimum reduziert. Wenn man aber auf Grund gerade dieser neu erworbenen Kenntnisse im Beginn der antiseptischen Ära für jeden Fall von Kindbettfieber den behandelnden Arzt oder die zugezogene Hebamme verantwortlich machen zu müssen glaubte, so ist man damit entschieden zu weit gegangen!»

[17]) B e n s i s, Thèse de Paris, 1900.

[18]) N a t v i g, Arch. für Gyn., Bd. 76, 1905.

[19]) W e g e l i u s, Arch. für Gyn., Bd. 88, 1909.

[20]) K r ö n i g, D. M. W., 1909, Nr. 36.

Franz[21] u. a. nachgewiesen ist, daß besonders beim Aufhören der sauren Reaktion des Scheidensekrets eine beständige Ascension, ein Hinaufwachsen der Keime von der Vulva nach dem Uterus hin erfolgt, erscheint es zweckmäßig, auch die Vulvakeime den «endogenen» Keimen zuzurechnen.

Endlich muß noch der Möglichkeit gedacht werden, daß auf hämatogenem oder lymphogenem Wege Keime, die an einer anderen Stelle des Organismus eine krankhafte Veränderung hervorgerufen haben, in die Geburtswege gelangen und sich im puerperalen Uterus als «locus minoris resistentiae» einnisten. Diese Art der Infektion hat man früher auch als «endogene» bezeichnet (cf. Burckhardt, Kleinhans) und es ist entschieden richtig, sie als Unterart der «endogenen» Infektion zu klassifizieren, aber wir werden, wie Stolz[22]) bereits vor 10 Jahren vorgeschlagen hatte, für ihre eindeutige Charakterisierung sie doch besser ausschließlich «metastatische» Infektion nennen[23]).

Wir schließen uns daher gerne, abgesehen von geringen Modifikationen, dem auf den Ausführungen Aschoffs[24]) basierenden, von Baisch[25]) jüngst vereinfachten Schema der verschiedenen Infektionsmöglichkeiten an und schlagen vor zu unterscheiden[26]):

I. Infektion durch Fremdkeime:

1. importiert: artifizielle exogene Infektion;

2. nicht importiert, sondern spontan aszendiert: spontane exogene Infektion.

---

[21]) Franz, Nicht veröffentlichte Versuche mit B. prodigiosus aus der Fehlingschen Klinik (Halle, 1900).

[22]) Stolz, Studien zur Bakteriologie des Genitalkanals etc. Graz, 1902, p. 288.

[23]) Wie unklar die bisherige Nomenklatur ist, beweist die Abhandlung von Hüssy: Sechs Puerperalfieberfälle mit interessanten bakteriologischen Befunden. C. f. G. 1912, Nr. 12, p. 358.

[24]) Aschoff, D. m. W., 1911, Nr. 11.

[25]) Baisch, M. f. G. G., Bd. 35, 1912, p. 409.

[26]) cf. auch Sachs, Bakteriologie der Geburt, Jahresk. für ärztliche Fortbildung, 1911, H. 7, p. 30—38.

II. Infektion durch Körperkeime:

A. Keime aus der Vulva und Vagina:

1. inokuliert: a r t i f i z i e l l e e n d o g e n e I n -
f e k t i o n;

2. nicht inokuliert: s p o n t a n e e n d o g e n e
I n f e k t i o n.

B. Keime aus extragenitalen Infektionsherden: m e -
t a s t a t i s c h e I n f e k t i o n (hämatogen, lym-
phogen).

II. Verschiedene Infektionserreger.

Welches sind nun die Mikroorganismen, die befähigt sind,
auf dem einen oder anderen dieser verschiedenen Wege eine
Infektion der puerperalen Wunden herbeizuführen?

Es kann hier nicht meine Absicht sein, eine Übersicht zu
geben über sämtliche je in der Literatur als puerperale Infektionserreger beschriebenen Mikroorganismen; ich möchte vielmehr meine an hiesiger Klinik gesammelten Erfahrungen kurz
zusammenstellen und an der Hand meiner Ergebnisse Stellung
nehmen zu den schwebenden bakteriologischen Tagesfragen.

Da erscheint es mir zunächst wichtig, in wenigen Zügen
meine Untersuchungstechnik zu beschreiben:

Im Gegensatz zu S i g w a r t[1] und T r a u g o t t[2] verwende ich, in Übereinstimmung mit Z a n g e m e i s t e r[3],
S c h o t t m ü l l e r[4], H e y n e m a n n[5], S a c h s[6], G o l d -
s c h m i d t[7] u. a. zur Untersuchung des puerperalen Wund-

[1] S i g w a r t, Arch. für Gyn., Bd. 87, 1909, p. 469.

[2] T r a u g o t t, M. m. W., 1912, p. 189.

[3] Z a n g e m e i s t e r, Die bakter. Untersuchung im Dienste etc.
Berlin, 1910.

[4] S c h o t t m ü l l e r, M. m. W., 1911, p. 2173.

[5] H e y n e m a n n, Arch. für Gyn., Bd. 86, 1908, p. 79.

[6] S a c h s, Z. f. G. G., Bd. 65, 1910, p. 150 sowie Jahreskurse für ärztl.
Fortbildung, 1911, H. 7, p. 27.

[7] G o l d s c h m i d t, Arch. für Gyn., Bd. 93, 1911, p. 291.

sekrets in den letzten Jahren nicht mehr die Uterus- sondern meist bloß noch die Vaginallochien.

Während ich bei der anfangs ausschließlich geübten Untersuchung des mit dem Döderleinschen Röhrchen entnommenen Uterussekrets sehr häufig trotz bestehendem Fieber ein negatives Resultat erhielt[8]) und so über die Art der vorliegenden Infektion im Unklaren blieb, erschien mir bei der Untersuchung der Scheidenlochien die Wahrscheinlichkeit eines positiven Befundes, besonders in den ersten Wochenbettstagen eine viel größere. Mit anderen Worten: wenn überhaupt Infektionserreger im Genitaltraktus vorhanden sind, werden wir sie im allgemeinen in der Scheide viel schneller und zahlreicher nachweisen können als in der Uterushöhle! Dies möchte ich besonders Traugott[9]) (p. 189) gegenüber hervorheben, der neuerdings die bakteriologische Untersuchung des Uterussekrets «als wichtige diagnostische und therapeutische Handhabe» (p. 191) sogar dem praktischen Arzte empfiehlt!

Traugott erwähnt selber, daß er unter 51 Fällen mit Streptokokken bei gleichem Befund in Uterus und Vagina in 49 %, bei 43,2 % einen negativen Befund im Uterus, einen positiven hingegen in der Vagina hatte, bei 7,8 % allerdings einen positiven des Uterus und einen negativen der Vagina. Wodurch dieser relativ hohe Prozentsatz von negativem Scheiden- bei positivem Uterusbefund bedingt sein kann, ist mir nicht recht verständlich; jedenfalls betont auch Bondy[10]), ebenso wie Heynemann, «daß stets in den Fällen, wo hämolytische Streptokokken im Uterussekret vorhanden waren, sie auch im Scheidensekret sich fanden». Wenn Traugott hervorhebt, daß auch bei Sigwarts vergleichenden Untersuchungen das Ergebnis zwischen Uterus und Scheide in 37,5 % der Fälle nicht übereinstimmte, so möchte ich doch darauf hinweisen, daß bei Sigwart diese mangelnde Übereinstimmung lediglich durch einen negativen Uterus- gegenüber positivem Scheidenbefund bedingt war. Ich

---

[8]) cf. H. Levy, Inaug.-Diss., Straßburg, 1912, p. 18.

[9]) Traugott, Zur Technik und Bedeutung der bakteriol. Untersuch. des Uterussekrets in der Praxis. M. m. W., 1912, p. 188.

[10]) Bondy, Die hämol. Strept. und die Prognose des Puerperalfiebers. M. f. G., Bd. 29, 1909, p. 557.

hätte daher nicht, wie T r a u g o t t, den Mut, «bei Keimfreiheit des Uterus, wenn wir durch die Inspektion (!) eine Infektion von Wunden des Dammes oder der Vaginalschleimhaut ausgeschlossen haben, mit Sicherheit das Fehlen einer genitalen Affektion zu diagnostizieren und die Diagnose extragenitale Erkrankung mit Sicherheit zu stellen»; denn wie leicht könnten da vielleicht schon wenige Stunden später, z. B. Streptokokken aus der bereits infizierten Scheide ins Uteruscavum hinaufwachsen und so auch den Anhängern der ausschließlichen Uterussekretuntersuchung «den Beweis erbringen», daß es sich «bei dem f r i s c h e n fieberhaften Zustand im Puerperium» nicht um extragenitales, sondern um «echtes» Puerperalfieber gehandelt hat! Gerade bei virulenten Streptokokkeninfektionen wird es häufiger vorkommen, daß die Infektionserreger durch kleine, makroskopisch vielleicht kaum wahrnehmbare Scheidenverletzungen in das Gewebe eindringen und schwere Allgemeinsymptome hervorrufen zu einer Zeit, wo die Uterushöhle noch völlig keimfrei ist; in solchen Fällen wird uns also die Scheidensekretuntersuchung schneller und sicherer die Infektion erkennen lassen als die Untersuchung des Uterussekrets.

Zudem ist die Entnahme der Scheidenlochien entgegen der immerhin ein gewisses Instrumentarium und Assistenz erfordernden Entnahme des Uterussekrets ein so einfacher und schonender Eingriff, — die Frauen bleiben in Rückenlage in ihrem Bett liegen! — daß schon aus diesem Grunde ihr unbedingt der Vorzug gegeben werden muß; gibt doch auch T r a u g o t t zu, obwohl er beteuert, «daß von irgend einer Gefahr bei der Entnahme des Untersuchungsmaterials mit der W a l t h a r d schen Methode nicht die Rede sein kann», direkt im Anschluß an die Entnahme von Uterussekret das Auftreten von Schüttelfrösten beobachtet zu haben. Wenn man darin keine Gefahr erblicken will, aus dem Grunde, weil die betreffenden Patientinnen auch ohnedies Schüttelfröste hatten, so kann ein derartiges Vorkommnis doch nicht als etwas ganz Gleichgültiges hingestellt werden, zumal nicht im Privathause! Ich möchte mich daher durchaus F r a n z [11]) anschließen, der schon 1899 hervorhob: «Ich kann mich des

---

[11]) F r a n z, Verhandl. des Kongr. der D. Ges. für Gyn., 1899. p. 316.

Eindrucks nicht erwehren, daß die Uterussekretentnahme b e i a l l e r V o r s i c h t kein so gleichgültiger Eingriff ist, wie er von vielen hingestellt wird, besonders in den Fällen mit Streptokokkenbefund, die möglicherweise durch die Sekretentnahme verschlechtert werden.»

Zur Sekretentnahme diente mir von jeher der «Rohrstabwattepinsel», wie er mir vom hiesigen bakteriologischen Institut her zur Entnahme diphtherieverdächtigen Materials bekannt war; er hat den Vorzug größter Einfachheit und Billigkeit. Dieser «Wattepinsel» wird bis zum Scheidengrund eingeführt, indem bei gespreizten Beinen der Frau die Vulva mit behandschuhter, steriler Hand möglichst weit zum Klaffen gebracht wird; nötigenfalls wird der Introitus vaginae vorher durch Abwischen mit trockener, steriler Watte von herausgelaufenem Schleim gereinigt; unter einigen rotierenden Bewegungen wird dann der Pinsel herausgezogen und bis zur Verarbeitung im Eisschrank aufgehoben.

Als Nährmaterial zur primären Aussaat des Sekrets benutze ich jetzt ausschließlich die S c h o t t m ü l l e r sche [12]) B l u t a g a r p l a t t e (2:5). Abgesehen davon, daß dieser Nährboden unter den «festen» Nährböden entschieden das beste Kulturmedium für Streptokokken darstellt, wachsen auch die anderen Mikroorganismen meist so typisch darauf, daß wir, bei einiger Übung, häufig auf eine weitere Züchtung zur Identifizierung ganz verzichten können. Zudem sind wir in der geburtshilflichen Klinik ja jederzeit in der Lage, immer ohne Mühe frisches Menschenblut zur Hand zu haben, durch steriles Auffangen von Nabelvenenblut. Am besten bewährte sich mir folgende Methode: Der Nabelstrang wird sofort nach der Geburt des Kindes einmal unterbunden, die Nabelschnur placentarwärts von der Unterbindung mit sterilem Gazestück gefaßt und nach Durchtrennung der Nabelschnur das Ende, aus dem nun das Blut, besonders bei leichtem Druck auf den Uterus, gewöhnlich im Strahl herausspritzt, über ein steriles E r l e n m e y e r sches Kölbchen gehalten. So kann man leicht 80—100 ccm Blut gewinnen. Durch 5 Minuten langes Schütteln (auch ohne Glasperlen!) wird der Eintritt der Gerinnung ver-

---

[12]) S c h o t t m ü l l e r, Die Artunterscheidung der für den Menschen pathogenen Streptokokken M. m. W., 1903, Nr. 20 u. 21.

hindert; im Eisschrank läßt sich das so gebrauchsfertig ge-
wonnene Blut gut 3—4 Tage lang keimfrei aufbewahren.

Nicht unerwähnt möchte ich lassen, daß man die schönsten
Platten meines Erachtens dann erhält, wenn man zunächst die
abgemessene Blutmenge in die Petri-Schale gibt, hierzu den
direkt aus dem kochenden Wasser genom-
menen Agar zugießt und sofort gleichmäßig mischt; es
tritt dann weder eine Gerinnung des Agars noch des Blutes auf.

Zur Beantwortung der klinisch wichtigen Fragen eignet
sich entschieden am besten die Aussaat des Sekrets als
«Strich-Platte». Es ist dabei natürlich wichtig, eine
möglichst verschiedene Konzentration des Materials auf den
einzelnen Partien der Platte zu erzielen. Dazu bewährten sich
mir ausgezeichnet die Forsterschen Platin-Spiralen. Ich
ziehe mit dem Sekretpinsel unter langsamer Rotation um seine
Längsachse 2 aufeinander senkrecht stehende Striche an der
Peripherie der Platte und verteile nun das so aufgetragene
Sekret mit einer Spirale von 5—8 Windungen durch weitere
Parallelstriche. Auf diese Weise wird die Abstufung eine ganz
ausgezeichnete, die Übersicht über die vorhandenen Keimarten
und ihr quantitatives Verhältnis zueinander geradezu eine
ideale!

Es sei mir gestattet, gleich hier einige Bemerkungen zur
Methodik der Blutuntersuchung [13]) anzufügen. Auch hier
müssen wir bemüht sein, mit möglichst einfacher Technik
einwandsfreie Resultate zu erhalten. Da wir bei der Blutuntersuchung nicht nur über die Qualität, sondern auch über
die Quantität der eventuell vorhandenen Keime Aufschluß zu
erhalten wünschen, können wir leider auf die Entnahme mit
der Rekordspritze nicht gut verzichten. Obwohl gerade die
großen Spritzen bei mehrmaligem Auffüllen durch Blutge-
rinnung sich leicht sperren, kann man es doch bei einiger
Übung erreichen, daß durch Punktion der mit v. Taboras
Gummimanschette gestauten Vena mediana bei Steckenlassen
der Nadel die Spritze à 20 ccm sich 4—5 mal hintereinander
füllen läßt, und man so in absolut aseptischer Weise hinrei-

---

[13]) Historisches über die Bakteriologie des Blutes s. Sittmann,
D. Arch. für klin. Med., Bd. 53, 1894, p. 372—376, und Bertelsmann,
D. Z. für klin. Chir., Bd. 72. 1904, p. 303—308.

chende Blutmengen für die verschiedenen aeroben und anaeroben Nährböden gewinnt. In Übereinstimmung mit Burckhardt[14]) und Bondy[15]) glaube ich, daß wir für die Blutuntersuchung die Kultivierung in flüssigen Nährböden nicht unterlassen dürfen; denn auch ich konnte mich mehrfach davon überzeugen, daß in der Bouillon — offenbar vereinzelte — Keime zur Kultur angingen, während die festen Nährböden steril blieben. Zudem beweisen die interessanten Untersuchungen von Zöppritz[16]), daß gerade die Streptokokken infolge der Beeinflussung durch gewisse Körpersäfte (z. B. Vaginalschleim) nicht selten die Fähigkeit verlieren, auf festen Nährböden zu wachsen, während sie in Bouillon noch gutes Wachstum zeigen; derartige Verhältnisse können wohl auch im Blut eine Rolle spielen.

Andererseits möchte ich aber die festen Nährböden wegen der nur durch sie ermöglichten Bestimmung der Keimzahl nicht vermissen; jedoch verwende ich zum Ausguß der Blutagarmischung nicht 5 einzelne Petri-Schalen, wie seit Sittmann anscheinend noch allgemein üblich, sondern ich gieße das Gemisch (20 ccm Blut auf 60—80 ccm Agar in Erlenmeyerschem Kölbchen) in eine große Kollesche Schale, wie sie für die Typhus-Diagnostik eingeführt sind. Ich empfinde diese Vereinfachung bei der Notwendigkeit des schnellen Verarbeitens des Blutes immer sehr angenehm.

Aerobe bezw. fakultativ anaerobe Infektionserreger.

1. Unter den pathogenen Mikroorganismen hat entschieden die größte Bedeutung für die Entstehung puerperaler Wundinfektion der «Streptococcus pyogenes seu erysipelatos». Da heute dem Studium der Geschichte der Medizin wieder mehr Interesse entgegengebracht wird, darf ich wohl kurz darauf hinweisen, was recht wenig bekannt zu sein scheint, daß hier in Straßburg zum ersten Male Kettenkokken als Erreger des Kindbettfiebers angesprochen wurden.

---

[14]) Burckhardt, Arch. für Gyn., Bd. 95, H. 3, 1912.
[15]) Bondy, M. m. W., 1911, Nr. 38, p. 2011.
[16]) Zöppritz, M. f. G. G., Bd. 33, 1911, p. 288.

Coze und Feltz, Schüler von J. A. Stolz, haben bereits im Frühjahr 1868 im Blute einer am 8. Tage an Sepsis eingegangenen Puerpera den Nachweis der Gegenwart «de nombreux points mobiles isolés ou disposés en chaînettes» erbracht[1]) und durch gelungene Tierimpfungen die Bedeutung dieser «infusoires» zu beweisen gesucht[2]). Das Glück, diese kettenbildenden Kokken aus dem Blute in Reinkultur züchten zu können, sollte allerdings Pasteur (1879)[3]) vorbehalten bleiben. Immerhin stellen die Experimente von Coze und Feltz überhaupt den ersten Versuch dar, künstliche Wundinfektionskrankheiten bei Tieren hervorzurufen und dürften besonders deswegen bleibende Anerkennung verdienen, weil sie es gewesen sind, die R. Koch[4]) nach dessen eigener Aussage (p. 40 ff.) die Anregung zu seinen epochemachenden Tierversuchen gegeben haben. Bald wurde der Befund von Streptokokken beim Puerperalfieber so vielseitig bestätigt, daß Chauveau[5]) bereits 1882 diesen Keim als alleinigen Erreger des tötlichen Kindbettfiebers ansprach.

Bumm (1887)[6]) und Widal (1889)[7]) sprachen sich dann in gleichem Sinne aus, so daß von jeher dem Studium der Streptokokken gerade von seiten der Geburtshelfer das größte Interesse entgegengebracht wurde. Infolgedessen hat denn auch der Streit um die Arteinheit der Streptokokken gerade bei uns besonders hohe Wellen geschlagen, und es haben sich gerade unter uns bis in die neueste Zeit energische Verteidiger für die «Art-Vielheit der Streptokokken» gefunden (Veit, Fromme u. a.).

Bekanntlich ist es hauptsächlich Zangemeister[8])

---

[1]) Coze & Feltz, Gazette médicale de Strasbourg, 1869, p. 29.

[2]) Näheres s. bei Siebold-Hergott, Histoire de l'Obstétricie, T. III, 1892, p. 307.

[3]) Pasteur, Sur la fièvre puerpérale. Bulletin de l'Académie de médecine, 1879, p. 260, 271.

[4]) R. Koch, Über die Ätiologie der Wundinfektionskrankheiten, Leipzig, 1878.

[5]) Chauveau, Sur la sépticémie puerpérale expérimentale. Lyon médic., 1882.

[6]) E. Bumm, Über puerperale Wundinfektion C. f. Bakt., Bd. 2, 1887, p. 343.

[7]) Widal, Etude sur l'infection puerpérale, etc. Thèse de Paris, 1889.

[8]) Zangemeister & Meissl, Z. f. G. G., Bd. 58, 1906, p. 425.

gewesen, der seit vielen Jahren auf Grund umfangreicher morphologischer und biologischer Untersuchungen der A r t - e i n h e i t der Streptokokken das Wort redete: «Alle fakultativ anaeroben Streptokokken gehören e i n e r A r t an (p. 453)»! Neben ihm gebührt entschieden N a t v i g[9] das Verdienst, durch seine vielseitigen «Studien über Streptokokken» das Fundament gelegt zu haben zu dem sicheren Standpunkt, den wir heute in der Streptokokkenfrage einnehmen können.

Ähnlich wie in den ersten Jahren nach der Entdeckung des Streptococcus der Streit um die Arteinheit der Streptokokken besonders spielte um die Identität des «Streptococcus erysipelatos F e h l e i s e n» mit dem «Streptococcus pyogenes R o s e n b a c h», so drehte sich der Kampf im letzten Dezennium wesentlich um die Arteinheit bezw. Artverschiedenheit h ä m o l y t i s c h e r und n i c h t h ä m o l y t i s c h e r Streptokokken. Ich kann hier nicht auf die Einzelheiten eingehen, ich verweise dazu auf das Übersichtsreferat von S i g w a r t[10]). Hingegen will ich begründen, warum mir heute auch d i e s e Frage endgültig gelöst erscheint.

Es ist eine alte Forderung der Bakteriologen, als « A r t - e i g e n s c h a f t» nur diejenigen Stammeseigentümlichkeiten eines Mikroorganismus anzusehen, die konstant sind und dem betreffenden Keim in den verschiedensten Lebensbedingungen eigen bleiben; die «Arteigenschaft» ist also e t w a s F e s t - s t e h e n d e s!

Die Berechtigung der Trennung von Streptokokken in eine «hämolytische» und eine «nichthämolytische» Art wird daher hinfällig, sobald eindeutig nachgewiesen ist, daß die H ä m o - l y s e e i n e v a r i a b l e E i g e n s c h a f t ein und desselben Stammes darstellt. Den ersten schlagenden Beweis dafür, daß dies bei den Streptokokken tatsächlich der Fall ist, hat wohl N a t v i g geliefert. Er berichtet (p. 824 ff.) über einen aus der Vulva während der Geburt gezüchteten anhämolytischen Streptococcus «Stamm 5», der nach einer ersten Mäusepassage hämolytisch wurde, auf künstlichen Nährböden sein Hämolysierungsvermögen behielt, aber durch eine neue Mäusepassage wieder anhämolytisch wurde und es blieb, während derselbe Ausgangsstamm einige Zeit später erst nach der

---

[9]) N a t v i g, Arch. für Gyn., Bd. 76, 1905, p. 701.
[10]) S i g w a r t, M. f. G. G., Bd. 31, 1910, p. 486 ff.

5. Mäusepassage Hämolysierungsvermögen erwarb und dieses
auch behielt. Besonders interessant erscheint, daß schon
N a t v i g feststellen konnte, daß bei derselben — unberührten! — Frau, bei der er an der Vulva unter der Geburt diesen
ursprünglich anhämolytischen «Stamm 5» gefunden hatte, im
Wochenbett im Uterus eine Reinkultur stark hämolytischer
Streptokokken nachweisbar war, die aller Wahrscheinlichkeit
nach doch ebenfalls aus diesem «Stamm 5» hervorgegangen
sein mußten! Daß das Hämolysierungsvermögen für die Maus
nicht als Indikator der Virulenz angesehen werden kann, hat
ebenfalls bereits N a t v i g einwandsfrei bewiesen, indem er
Stämme isolierte, die bei längerer Fortzüchtung in vitro noch
sehr hämolytisch wirkten, während ihre vorher vorhandene
Mäuse-Virulenz völlig geschwunden war.

Weitere experimentelle Beweise für die Variabilität des
Blutzersetzungsvermögens der Streptokokken erbrachte neuer-
dings H. H ö s s l i[11]) durch Züchtung in Pferdeplasma. Eine
Durchsicht der interessanten «Stammbäume» H ö s s l i s (p. 276
bis 278) zeigt aufs Deutlichste, « w a s f ü r l a u n e n h a f t e
B a k t e r i e n d i e S t r e p t o k o k k e n s i n d », wie schon
N a t v i g (p. 826) sich ausdrückte.

H ö s s l i konnte einen nichthämolytischen «Darmstrep-
tococcus» durch mehrfache Passage durch Pferdeserum in
einen stark hämolytischen Streptococcus umwandeln, der ganz
die bisherigen kulturellen Eigenschaften eines «Streptococcus
erysipelatos» aufwies. Ein «Streptococcus mitior» ließ sich
auf gleiche Weise einerseits in einen f a r b l o s e n, nicht-
hämolysierenden, andererseits in einen hämolysierenden ver-
wandeln. Ebenso konnten sogar einem «Pneumococcus» und
einem «Streptococcus mucosus» stark hämolytische Eigenschaften angezüchtet werden.

Schon vor dem Bekanntwerden dieser Versuche H ö s s l i s
hatte i c h versucht, ebenfalls rein experimentell die Variabilität der Hämolyse bei Streptokokken darzulegen. Ausgehend
von der Erfahrung, daß nach der Geburt häufig hämolytische
Streptokokken in der Scheide auftreten, während vorher bloß
anhämolytische darin nachweisbar waren, dachte ich, im Men-

---

[11]) H. H ö s s l i, Das Verhalten der Strept. gegenüber Plasma und
Serum und ihre Umzüchtung. Mittlg. a. d. Hamb. Staatskrankenanstalten,
Bd. XV, 1911, p. 259.

schenblut, das in vitro seine baktericide Fähigkeit ja allmählich einbüßt, vielleicht einen hierzu geeigneten Nährboden zu besitzen. Ich habe viele Wochen hindurch 12 verschiedene Streptokokkenstämme (Strept. haem. vulgaris, Strept. haem. lentus, Strept. viridans und Strept. anhaem., je 3 Stämme von jeder Wuchsform) durch Weiterzüchtung in vitro auf Nabelvenenblut, das nach meiner oben angegebenen Methode flüssig erhalten war, unter teils täglichem Überimpfen der Stämme, teils längerem Aufbewahren im Eisschrank in hoher Gelatine, — nebenbei bemerkt entschieden der besten Methode zur Konservierung der Streptokokken! —, und nachherigem rapidem Weiterimpfen (alle 8—12 Stunden) in Blut, eine Veränderung im Hämolysierungsvermögen der einzelnen Stämme herbeizuführen gesucht; meine Resultate ließen mich aber die «Launenhaftigkeit» der Streptokokken bloß in negativer Hinsicht erkennen!

Es ist mir zwar gelungen, stark und schwach hämolytische Stämme sowie den Streptococcus viridans in anhämolitysche Stämme umzuwandeln, aber nie gelang mir in vitro die Anzüchtung der Hämolyse bei einem Stamm, der sie nicht schon in erster Generation gezeigt hatte; ja nicht einmal eine Zunahme der Hämolyse bei rapid in Blut weitergezüchteten Stämmen des Streptococcus haemolyticus lentus konnte ich beobachten! Ich bin natürlich weit entfernt, auf Grund meiner negativen Versuche die Resultate Natvigs und Hösslis irgendwie anzweifeln zu wollen; ich führe meine Untersuchungen bloß an, um zu zeigen, daß die Berührung mit dem menschlichen Blute allein es noch nicht ist, was den Streptococcus zur Hämolysinbildung veranlaßt, wie man leicht anzunehmen geneigt sein könnte [12]), daß der Erwerb dieser Eigenschaft vielmehr von Faktoren abhängt, die uns bisher noch fast völlig verhüllt geblieben sind, jedenfalls nicht mit der Virulenz parallel zu laufen brauchen! Nur so viel können wir entgegen Sachs [13]) mit Bestimmtheit schon jetzt sagen, daß die Streptokokken die Fähigkeit zu hämolysieren auf unseren gebräuchlichen künstlichen Nähr-

---

[12]) cf. Natvig, p. 828: «Gewöhnung an das Blut».
[13]) Sachs, Z. f. G. G., Bd. 65, 1910, p. 144.

böden im allgemeinen wenn nicht gewinnen, so doch verlieren können [14]).

Die durch S i g w a r t [15]) mitgeteilte Beobachtung von B e i z k e (p. 493 Anmerk.), wo ein nichthämolytischer Streptococcus aus dem Herzblut eines an Sepsis gestorbenen Kindes erst in zweiter Generation auf der Blutplatte typisch hämolysierte, «lediglich bei Weiterimpfung auf mit Ziegenblut hergestelltem Blutagar», dürfte bisher vereinzelt dastehen!

Ein schnelles Verschwinden der Hämolyse ist von Z a n - g e m e i s t e r [16]) und L a m e r s [17]) durch Verreiben von hämolytischen Streptokokken auf der menschlichen Haut, von Z ö p p r i t z [18]) durch Züchtung in sterilisiertem Vaginalsekret, Speichel und Rohmilch erzielt worden.

Für die Möglichkeit des «Hämolytischwerdens» der Streptokokken bei ihrem Wachstum im tierischen Organismus sprechen neben den vereinzelt geglückten Tierversuchen von S c h l e s i n g e r [19]), N a t v i g [20]), H e y n e m a n n [21]), Riecke [22]) die sich immer mehr häufenden Mitteilungen klinischer Beobachtungen, aus denen hervorgeht, daß bei genauer bakteriologischer Verfolgung ein und desselben Kranken zu Beginn und im weiteren Verlauf einer Infektion die infizierenden Streptokokken anfangs häufig nicht hämolytisch waren, während sie später deutliche Hämolyse zeigen.

Ich gehe auf diese Angaben genauer ein, da K o c h [23]) noch jüngst hervorhebt «irgendwelche Anhaltspunkte für eine Verwandlung anhämolytischer Streptokokken in hämolytische, deren Möglichkeit ich im Grunde genommen nicht bestreiten

---

[14]) N a t v i g, S c h e i b, F r o m m e, Z a n g e m e i s t e r, B o n d y, H e y n e m a n n, S c h m i d t, K o c h, cit. n. K o c h, Autogene oder ektogene Infektion? M. f. G. G., Bd. 33, 1911, p. 300; L a m e r s, Arch. für Gyn., Bd. 95, 1912, p. 18; d. S.-A., H a m m.

[15]) S i g w a r t, M. f. G. G., Bd. 31, 1910, p. 486.

[16]) Z a n g e m e i s t e r, M. m. W., 1910, p. 1270.

[17]) L a m e r s, A. f. G., Bd. 95, 1912, p. 22 des S.-A.

[18]) Z ö p p r i t z, Über Hämolyse der Strept. Verhdl. d. XIII. Kongr. der deutsch. Ges. für Gyn., 1909, p. 289.

[19]) S c h l e s i n g e r, Z. f. Hyg. u. Inf., Bd. 44, 1903, p. 428.

[20]) N a t v i g, s. o.

[21]) H e y n e m a n n, Arch. für Gyn., Bd. 86, 1909, p. 84.

[22]) R i e c k e, C. f. Bakt. I, Orig. Bd. 36. 1904, p. 83.

[23]) K o c h, M. f. G. G., Bd. 33, 1911, p. 315.

kann, war mir weder in viva (!) noch in den Kulturen nachzuweisen möglich».

In dieser Beziehung am anfechtbarsten dürfte wohl die erste hierhergehörige Mitteilung Zangemeisters[24]) sein, in der er rein statistisch berechnet, daß etwa 3 % der im Wochenbett gefundenen hämolytischen Streptokokken aus anhämolytischen Streptokokken hervorgegangen sein müssen. Viel beweiskräftiger ist der ein Jahr später von ihm mitgeteilte Fall[25]), wo bei einer nichtuntersuchten Kreißenden in der Vagina massenhaft anhämolytische Streptokokken nachweisbar waren, während sich am 3. Wochenbettstag und später auch im Blut — die Frau starb am 7. Tage! — hämolytische Streptokokken in Reinkultur vorfanden.

Ein ähnlicher Befund Natvigs ist oben (p. 29) bereits erwähnt worden. A. Scheib[26]) hat einen hochinteressanten Fall von intrauteriner Erysipelinfektion des Neugeborenen verfolgt, wo er im Uterus bei bestehender Streptokokken-Endometritis einen langsam hämolysierenden, nicht peptonisierenden Streptococcus nachwies, während er im Blute der Mutter, sowie im Eiter des am 4. Tage seiner Infektion erlegenen Kindes einen anhämolytischen, aber Gelatine verflüssigenden Streptococcus vorfand. Die Annahme Scheibs, daß es sich trotz dieser verschiedenen fermentativen Wachstumsäußerungen um ein und denselben Ausgangsstamm handelte, wurde besonders dadurch erhärtet, daß nach 4½ monatlicher Weiterzüchtung der erste Stamm «plötzlich» sämtliche Eigenschaften der beiden anderen Stämme annahm. Auf derartige «sprunghafte» Abänderungen von Bakterienstämmen werden wir später noch ausführlicher einzugehen haben.

Bondy[27]) erwähnt einen Fall von Pyämie, bei dem er zweimal aus dem Uterussekret, einmal aus einem parametranen Absceß hämolytische Streptokokken gezüchtet hatte, und wo sich im Herzblut bei der Autopsie eine Reinkultur von Streptococcus viridans fand.

---

[24]) Zangemeister, Verhandl. d. deutsch. Ges. für Gyn., 1909, p. 211.

[25]) Zangemeister, Die bakteriologische Untersuchung im Dienste etc. Berlin, 1910, p. 23.

[26]) A. Scheib, Über intrauterine Erysipelinfektion des Neugeborenen, gleichzeitig ein Beitrag zur Pathogenität peptonisierender Streptokokken. Z. f. G. G., Bd. 58, 1906, p. 259.

[27]) Bondy, M. f. G. G., Bd. 29, 1909, p. 561.

Gelegentlich gemeinsam mit E. S c h a l c k (1909) [28] aus-geführten Untersuchungen über die Beziehung der Bakterien-flora des kindlichen Mundes und der mütterlichen Scheide zur Ätiologie der Mastitis, konnte ich es in hohem Grade wahr-scheinlich machen, daß in einem Viertel der Fälle, wo bei Mutter und Kind Streptokokken nachweisbar waren, diese ihr Verhalten auf der Blutagarplatte veränderten und zwar häufig so, daß sie im Mundspeichel die Fähigkeit zu hämolysieren verloren, beim Einwandern in die Brustdrüse dagegen diese Fähigkeit wieder gewannen. Irgend eine Gesetzmäßigkeit ließ sich jedoch nicht feststellen, so daß wir schon damals uns dagegen verwahrten, das Auftreten der Mastitis als Folge des Hämolysierungsvermögens der Streptokokken anzusehen, eine Annahme, die damals, wo der Satz J. V e i t s [29]: «Nur die Hämolyse entscheidet!» in Schwung gekommen war, ja durch-aus nicht so unwahrscheinlich hätte erscheinen können.

H ü s s y [30] erwähnt einen Fall von geheilter Sepsis, wo im Uterussekret (Lochiometra!) hämolytische, im Blut dagegen anhämolytische Streptokokken nachweisbar waren, später [31] einen tötlich verlaufenen Fall von Sepsis mit umgekehrtem Be-fund. Den prognostischen Betrachtungen, die H ü s s y an diese Fälle anknüpft, möchte ich mich vorläufig nicht an-schließen.

S i g w a r t [32] glaubt, daß er nichthämolytische Strep-tokokken aus dem Vaginalsekret von Schwangeren später im Wochenbett als stark hämolitische wiederfinden konnte.

B o n d y [33] berichtet über einen Fall von Abort mit Rein-kultur anhämolytischer Streptokokken in der Cervix; später fand sich in der Cervix sowie in einem Pyarthros des Knie-

---

[28] S c h a l c k, Die Ätiologie der Mastitis und ihre Beziehung zur Bak-terienflora des kindlichen Mundes und der mütterlichen Scheide. Inaug.-Diss, Straßburg, 1910.

[29] J. V e i t, Die Anzeigepflicht beim Kindbettfieber. Univ.-Programm, Halle, 1908.

[30] H ü s s y, Zur Variation der Hämolyse der Streptokokken. Gyn. Rundschau, 1911, p. 54.

[31] H ü s s y, 6 Puerperalfieberfälle mit interessantem bakt. Befund. C. f. Gyn., 1912, p. 359.

[32] S i g w a r t, Übersichtsreferat. M. f. G. G., Bd. 31, 1910, p. 486.

[33] B o n d y, Zum Problem der Selbstinfektion. C. f. Gyn., 1911, Nr. 48, p. 4 des S.-A.

gelenks Reinkultur des von mir als «Streptococcus haemolyticus lentus» bezeichneten Typus.

S a c h s [34]) fand bei einer Frau mit Fieber in der Geburt vor der Entbindung in der Scheide den Streptococcus viridans, während sich nachträglich im Wochenbett «eine wohl übersehene hämolytische Streptokokkeninfektion herausstellte» (p. 234). Ich vermute, daß es sich auch hier um einen «Übergang» gehandelt haben wird.

Auch B a u e r e i s e n [35]) vertritt neuerdings den Standpunkt, daß die pyogenen Kokken ihre hämolytische Fähigkeit im Körper verlieren oder gewinnen können.

Selbst S c h o t t m ü l l e r [36]), der ja wohl am hartnäckigsten für die Konstanz des hämolytischen Verhaltens der Streptokokken auf seiner Blutagarplatte eingetreten war, erwähnt folgende Beobachtung: «Unter tausenden von Stämmen, die sich bezüglich ihrer Hämolyse konstant verhielten, haben wir kürzlich e i n m a l folgendes gesehen: Aus einer Vagina züchteten wir zahlreiche hämolytische Kolonien, daneben einzelne anhämolytische. Eine zweite Kultur am folgenden Tag ergab nur anhämolytische Kolonien (ohne Farbstoff!). Der Gedanke, daß eine Umwandlung eingetreten sei, lag nahe. Es wurden die hämolytischen Kolonien weiter auf der Blutplatte gezüchtet. Es zeigte sich, daß auch die hämolytischen Kolonien meist anhämolytisch wuchsen. Wurden aber die anhämolytischen Kolonien im Menschenblutplasma gezüchtet, so wuchsen z u w e i l e n wieder hämolytische Kolonien.» Ich möchte doch glauben, daß derartige Feststellungen in Zukunft bei genauerer Beobachtung ein nicht gar so seltenes Vorkommnis bilden dürften, da wir jetzt wissen, daß wir mit der Möglichkeit solcher spontanen Umwandlungen auch bei Streptokokken rechnen müssen. Wir werden später auf diese Frage noch ausführlicher zu sprechen kommen.

Nicht zuletzt hat die Hallenser Schule in L a m e r s einen Vertreter der Anschauung gefunden, «daß hämolytische Streptokokken aus anhämolytischen hervorgehen und in solche übergehen können». L a m e r s [37]) teilt zum Beweis seiner

[34]) E. S a c h s, Bakteriologische Untersuchungen beim Fieber während der Geburt. Z. f. G. G., Bd. 70, 1912, p. 222.

[35]) B a u e r e i s e n, C. f. G., 1912. p. 389.

[36]) S c h o t t m ü l l e r, M. m. W., 1911. p. 2172.

[37]) L a m e r s, Arch. f. G., Bd. 95, 1912.

Deduktionen die Krankengeschichten von 22 bakteriologisch genau untersuchten Fällen mit, die entschieden hohes Interesse verdienen.

Ich selbst bin durch eine große Reihe ähnlicher Untersuchungen, die Herr H e c k e r demnächst in seiner Inaugural-Dissertation mitteilen wird, veranlaßt worden, trotz meiner nur teilweise positiven Reagenzglasversuche, in der H ä m o - l y s e e i n e d u r c h a u s w e c h s e l n d e S t a m m e s - e i g e n t ü m l i c h k e i t der Streptokokken zu erblicken.

Bringen wir uns bei Berücksichtigung all dieser klinischen Befunde die Aussage von S c h o t t m ü l l e r [38]) in Erinnerung: «Es ist mir niemals eingefallen, eine A r t e i n t e i l u n g der pathogenen Streptokokken in hämolytische und anhämolytische vorzunehmen»; vergegenwärtigen wir uns ferner, daß auch L a m e r s hervorhebt, «ich stelle mich bei der Frage der Arteinheit der Streptokokken vollständig auf Z a n g e - m e i s t e r s Standpunkt», so dürfte heute diese Frage als definitiv erledigt angesehen werden. Ich spreche hier natürlich nicht von den obligat anaeroben Streptokokken, die vorläufig wenigstens, nach unseren bisherigen Kenntnissen, als besondere Art hingestellt werden müssen; darüber später!

Allerdings müssen wir nach der endgültigen Feststellung der Arteinheit der Streptokokken uns auch dazu verstehen, die nötigen logischen Schlußfolgerungen aus dieser, auf mancherlei Irrfahrten endlich errungenen Überzeugung zu ziehen! So ist mir z. B. nicht gut verständlich, wie L a m e r s in derselben Mitteilung, in der er sich zur «Arteinheit der Streptokokken» bekennt, auch weiterhin an der prinzipiellen Wichtigkeit der Einteilung zwischen «Eigenstreptokokken» und «Fremdstreptokokken» festhalten und es «für dringend geboten» erachten kann, weiter nach einer Probe zu suchen, um den i n d i f f e r e n t e n (ich denke also «saprischen»?) oder p a t h o l o g i s c h e n Charakter eines hämolytischen Streptokokken der befallenen Patientin gegenüber festzustellen (p. 25). Das widerspricht doch gerade dem, was wir unter « A r t e i n h e i t » verstehen!

---

[38]) S c h o t t m ü l l e r, M. m. W., 1911, p. 2172.

Was will denn dies Wort anders besagen, als daß die zu ein und derselben Art gehörigen Stämme einmal schwere Krankheitserscheinungen hervorrufen und das andere Mal bei fieberfreien Wöchnerinnen, ja überhaupt in sämtlichen offenen Körperhöhlen gesunder Menschen gefunden werden können? Es handelt sich eben immer um ein und dieselbe Art des «Streptococcus pyogenes», mag er nun ein «saprophytisches» oder ein «parasitäres» Dasein führen, mag er den Blutfarbstoff grün oder braun verfärben, mag er ihn gar nicht angreifen oder ganz auflösen, mag er Gelatine verflüssigen oder nicht, mag er von einer Schleimhülle umgeben sein oder nicht, mag er viel oder wenig Säure bilden: das alles sind für seine Charakterisierung als «Streptococcus pyogenes» Adiaphora! Dafür aber, daß der «Streptococcus pyogenes» als pathogener Mikroorganismus angesehen werden muß, bedarf es doch wohl nicht noch neuer «Proben»!

Diese nun auch unter den «klinischen Bakteriologen» erzielte Einigkeit über die Frage der Arteinheit der Streptokokken ist um so freudiger zu begrüßen, als die Fachbakteriologen immer weitere Beweise für die «Arteinheit» erbringen [39]).

Wenn wir trotzdem an der in den letzten Jahren ausgearbeiteten Nomenklatur festhalten und vorschlagen, für unsere klinischen Zwecke die gleich näher zu erörternden Bezeichnungen vorläufig nicht aufzugeben, so geschieht das in der Überzeugung, daß im allgemeinen die ursprüngliche Lehre Schottmüllers [40]) von der differenten klinischen Wertigkeit der Streptokokken doch als zurecht bestehend angesehen werden muß. Schottmüller vertritt auch heute noch den Standpunkt, daß dem verschiedenen Wachstum der Streptokokken auf der Blutagarplatte klinisch verschiedene Krankheitsbilder entsprechen. Daß das im allgemeinen stimmt, dürfte schon aus dem großen Materiale Schottmüllers selbst zur Genüge hervorgehen. Ebenso werden wir darin Fromme durchaus beipflichten, daß wir als den gefährlichsten Erreger

---

[39]) cf. A. Marxer, Untersuchungen zur Frage der Arteinheit der Strept. C. f. B., Bd. 60, 1911, p. 79.

[40]) Schottmüller, M. m. W., 1903, p. 2276.

der puerperalen Infektion entschieden den h ä m o l y t i s c h e n
S t r e p t o c o c c u s ansehen! Aber wir dürfen diese reine
Erfahrungstatsache nicht zur unabänderlichen Regel stempeln,
wir dürfen nicht einer jeden der verschiedenen Wuchsformen
des Streptococcus auf der Blutagarplatte auch ihren eigenen,
feststehenden Symptomenkomplex bei ihrem Wachstum im
menschlichen Organismus zurechtschneiden wollen! Wir
müssen uns vielmehr immer dessen bewußt bleiben, daß die
Infektion einen komplexen Vorgang darstellt, der einmal zwar
abhängig ist von der Art und Menge des eingeführten Infektionserregers, aber nicht minder von der Widerstandskraft des
infizierten Organismus! Es muß daher schon rein theoretisch,
auf Grund dieser einfachen Überlegung, als in hohem Grade
wahrscheinlich angesehen werden, daß — natürlich die Zuge-
hörigkeit zur pathogenen Art des Streptococcus pyogenes vorausgesetzt — auch der a n h ä m o l y t i s c h e Streptococcus
gelegentlich einmal eine schwere, ja sogar tötliche Infektion
zu erzeugen imstande sein wird.

Und in der Tat hat die Behauptung S c h o t t m ü l l e r s
(p. 2172), «daß die anhämolytischen Streptokokken nur schwach
pathogen oder apathogen sind» durch den Nachweis von anhämolytischen Streptokokken im Uterus und Blut eines an Pyämie
eingegangenen Abort-Falles durch B o n d y [41]) eine einwandsfreie Widerlegung erfahren; ja S c h o t t m ü l l e r [42]) selbst hat
e i n m a l (allerdings das einzige Mal unter Tausenden von
Blutuntersuchungen!) aus dem Blute eines durch Keuchhusten
stark heruntergekommenen und schließlich an Sepsis gestorbenen Kindes eine Reinkultur anhämolytischer Streptokokken
gezüchtet! Es ist daher auch der k l i n i s c h e Beweis für die
«Pathogenität» selbst der anhämolytischen Streptokokken erbracht, und wir können S c h o t t m ü l l e r [43]) nicht Recht
geben, wenn er auch heute noch an der «Apathogenität» der
anhämolytischen Streptokokken absolut festhält.

Wir schlagen daher vor — lediglich zur Beurteilung
gewisser klinischer Fragen; nicht in der Annahme einer
p r i n z i p i e l l verschiedenen Wertigkeit, sondern in der Über-

---

[41]) B o n d y, Über Vorkommen und klinische Wertigkeit der Streptokokken beim Abort. M. m. W., 1911, Nr. 38, p. 2011.

[42]) S c h o t t m ü l l e r, M. m. W., 1911, p. 2172.

[43]) S c h o t t m ü l l e r, M. m. W., 1911, p. 2172.

zeugung eines erfahrungsgemäß h ä u f i g bestehenden Parallelismus zwischen Hämolysinbildung und Virulenz —, auch fernerhin folgende W a c h s t u m s t y p e n   d e s   S t r e p t o c o c c u s   p y o g e n e s   auf   der   S c h o t t m ü l l e r schen Blutplatte zu unterscheiden:

a) **Streptococcus haemolyticus vulgaris** mit wasserklarem, breitem, meist schon nach 8—12, spätestens nach 24 Stunden deutlich sichtbarem Hof und eingesunkener Kolonie [44]. Hämolysinbildung, entsprechend der «Reaktion I a» von N a t v i g (p. 801), ausgezeichnet durch vollständige Auflösung der roten Blutkörperchen. Kolonie selbst halbkugelförmig, mit ziemlich scharfem Rand. Mikroskopisch Vorwiegen kugelrunder oder querovaler Formen. Wächst besser und hält sich am längsten unter anaeroben Verhältnissen, was schon A c h a l m e [45]) nachgewiesen hat.

b) **Streptococcus haemolyticus lentus,** ausgezeichnet durch bedeutend langsameres Wachstum; erst nach 24 bis 48 Stunden wird ein schmaler, f a r b l o s e r aber meist matter, nicht völlig durchsichtiger Hof sichtbar; bloß am äußeren oder inneren Rand dieses Hofs zuweilen ein absolut klarer Saum. Hämolyse durch Zersetzung des Blutfarbstoffs, aber ohne Zerstörung der roten Blutkörperchen, entsprechend der «Reaktion I b» N a t v i g s (p. 801). Diese Form [46]) ist auch von B o n d y [47]) bereits gesehen worden; denn er erwähnt einen Stamm, «der allerdings keine ganz typische Aufhellung, sondern nur eine schwächere Hämolyse zeigte». Ähnlich schreibt K o c h [48]): «In einigen Fällen beobachtete ich, und zwar bezeichnenderweise parallel den Verhältnissen in viva, eine Abnahme der Hämolyse, einen II. Grad nach N a t v i g, bestehend in Auflösung des Blutfarbstoffs und Erhaltenbleiben der Erythrocyten als Schatten.»

---

[44]) Die Angaben über das Wachstum der einzelnen beschriebenen Arten beziehen sich durchweg, wenn nichts anderes angegeben, auf die Kultur auf der Blutagarplatte, da wir diese jetzt ausschließlich verwenden.

[45]) A c h a l m e, Essais sur la virulence des strept. Thèse de Paris, 1892.

[46]) Ob nicht auch die von W e g e l i u s als «Nr. 24» beschriebene Form (p. 314) mit dem « S t r e p t. l e n t u s » identisch ist, möchte ich dahingestellt sein lassen.

[47]) B o n d y, M. m. W., 1911, p. 2011.

[48]) K o c h, M. f. G. G., Bd. 33, 1911, p. 300.

Jüngst hat L a m e r s [49]) auf diese Wuchsform des Streptococcus nachdrücklich hingewiesen und ihr als «Ü b e r g a n g s - f o r m» eine ganz besondere Bedeutung zugeschrieben. Wenn J. V e i t [50]) hervorhebt (p. 193): «Endlich habe ich das Glück, daß in meiner Klinik durch L a m e r s der lang gewünschte Beweis hat erbracht werden können, daß die hämolytischen Streptokokken des Wochenbetts identisch sind mit den nicht hämolytischen Keimen der Schwangerschaft», nachher allerdings selber zugibt, daß diese Beweisführung bisher von L a m e r s bloß indirekt, quasi per exclusionem erbracht worden sei, so möchte ich doch nicht unerwähnt lassen, daß ich bereits seit Juli 1910 in meinen Protokollen die Bezeichnung «S t r e p t o c o c c u s   h a e m o l y t i c u s   l e n t u s» eingetragen finde. Ich hatte aber diese Bezeichnung damals lediglich gewählt, weil mir der l a n g s a m e Eintritt der Hämolyse, ü b e r h a u p t   d a s   s o   v i e l   l a n g s a m e r e   W a c h s t u m dieser Form gegenüber dem gewöhnlichen hämolytischen Streptococcus (= vulgaris) k l i n i s c h   n i c h t   g l e i c h g ü l t i g e r s c h i e n!

Wenn die Hallenser Schule auf Grund der L a m e r s schen «Übergangsformen» die Priorität der Erkenntnis beansprucht, «daß Keime unter günstigeren Bedingungen eine höhere Virulenz erwerben können, als sie ursprünglich besaßen», so wollen wir ihr dies Prioritätsrecht gerne zuerkennen, insofern als die Hallenser Schule auf Grund ihrer Arbeitsrichtung der letzten Jahre tatsächlich eines derartigen Beweises zu dieser Erkenntnis bedurfte. Ich muß aber gestehen, daß ich diese neue «Errungenschaft» der Hallenser Schule von jeher zum Grundbesitz der von P a s t e u r und K o c h übernommenen Wissenschaft gezählt habe und daß meines Erachtens der Rat V e i t s (p. 195) «in der Praxis s c h o n   j e t z t (!) damit zu rechnen, daß Keime unter günstigen Bedingungen eine höhere Virulenz erwerben können als sie ursprünglich besaßen», bloß demjenigen erst heute «p r a k t i s c h   d i r e k t   b e d e u - t u n g s v o l l» erscheinen kann, der die bakteriologischen Errungenschaften der V e i t schen Schule in den letzten Jahren als solche kritiklos hingenommen hatte.

---

[49]) L a m e r s, A. f. G., Bd. 95, 1912, p. 19 ff. des S.-A.

[50]) V e i t, Weitere Untersuchungen über die Entstehung der puerperalen Infektion, Prakt. Ergebnisse von F r a n z - V e i t, Bd. IV, 1, 1911, p. 181.

Auch ich stehe durchaus auf dem Standpunkt, daß eine genaue Grenze zwischen «Strept. haem. vulgaris» und «Strept. haem. lentus» sich nicht feststellen, daß, wie B o n d y[31]) schon 1909 hervorhob, sich «eine förmliche Stufenleiter von den gar nicht hämolytischen zu den typisch hämolytischen Streptokokken beobachten läßt»; bloß möchte ich nicht ohne weiteres die Auffassung von L a m e r s (p. 18) akzeptieren, es sei schon im voraus schwer anzunehmen, daß die anhämolytischen Streptokokken ihre hämolytischen Eigenschaften g a n z p l ö t z l i c h gewinnen sollten; es würden jedenfalls doch, wenn nicht einige Tage, dann doch mehrere Stunden nötig sein, um den Einfluß der Veränderung auf das Verhalten der Keime sichtbar zu machen!

Wie wir weiter unten noch eingehender erörtern werden, wird doch die Möglichkeit eines derartig «sprunghaften» Verhaltens der Bakterien im Sinne der «Mutation» nach H u g o d e V r i e s heute allgemein als feststehende Tatsache anerkannt: warum sollten derartige «Sprünge» den Streptokokken in der Scheide von Kreißenden und Wöchnerinnen verboten sein? Es mag ja sein, daß auf Grund der veränderten Lebensbedingungen sich der Übergang häufig so vollzieht, wie L a m e r s es sich a l s e i n z i g e M ö g l i c h k e i t vorstellt; ich möchte aber hervorheben, daß die N o t w e n d i g k e i t einer derartigen Vorstellung durch nichts bewiesen ist, und daß, wie schon S c h i c k e l e[52]) bemerkte, L a m e r s den Nachweis schuldig bleibt, daß diese «kleinen schwachen Kolonien» tatsächlich immer « Ü b e r g a n g s f o r m e n » zwischen den anhämolytischen und hämolytischen Streptokokken sind.

c) **Streptococcus anhaemolyticus** läßt die Blutagarplatte anfangs völlig unverändert, ruft aber in Blutbouillon durch Säurebildung nach 2—3 Tagen schwache Braunfärbung hervor. Wachstum immer langsamer als a, häufig überhaupt bloß mit der Lupe deutlich sichtbar. Nach 2—3 Tagen Blutagar direkt unter der Kolonie, nicht darüber hinaus, zuweilen braunschwarz.

Ich halte es nicht für richtig, daß Z a n g e m e i s t e r[53]) diese Form als «Streptococcus anhaemolyticus v u l g a r i s »

---

[31]) B o n d y, M. f. G., Bd. 29, 1909, p. 565.
[52]) S c h i c k e l e, Kritischer Rückblick etc. M. m. W., 1912, p. 547.
[53]) Z a n g e m e i s t e r, M. m. W., 1910, p. 1268.

bezeichnet, «im Gegensatz zu dem ebenfalls anhämolytischen «Strept. viridans»; ich glaube, daß wir hier, «um sonst unvermeidliche Mißverständnisse zu vermeiden» (Zangemeister), vielmehr Schottmüller[54]) folgen und mit ihm als «Strept. vulgaris» den stark hämolytischen Streptococcus bezeichnen müssen. Der «Strept. viridans» ist so durchaus hinreichend charakterisiert, zudem ist er nicht immer völlig anhämolytisch, eine besondere Abgrenzung des immer «anhämolytischen Streptococcus» durch ein weiteres Epitheton also doppelt unnötig.

d) **Streptococcus viridans** bildet immer grünen Farbstoff unterhalb der Kolonie und um sie herum; zuweilen außerdem schwache Hämolyse, besonders bei geringem Blutgehalt der Agarplatte. Blutbouillon wird braungrün. Kolonien meist nach 24 Stunden ausgesprochen mamillenförmig, platt, mit leicht gelapptem Rand, auf Ascitesagar irisierend, opak.

e) **Parapneumococcus,** von Natvig so bezeichnet wegen seiner morphologischen und biologischen Ähnlichkeit mit dem Pneumococcus; bildet jedoch, auch im Tierversuch, keine Kapsel, wächst auf Blutagar unter Dunkelfärbung der Kolonie sowie Trübung und Braunfärbung des Nährbodens; keine Grünfärbung, keine Hämolyse, meist starke Säurebildung. Mikroskopisch länglichovale bis lanzettförmige Diplokokken. Identisch damit ist der «Diplostreptococcus» Walthards[55]). Hingegen dürfte der Vorschlag von Lüdke und Polano[56]), ebenfalls den obligat anaeroben Streptococcus (Menge und Krönig) hierher zu rechnen, heute auch von diesen Autoren wohl nicht mehr aufrecht erhalten werden!

f) **Streptococcus mucosus,** ausgezeichnet durch die Bildung einer schleimigen Kapsel auch auf künstlichem Nährboden. Grünfärbung des Nährbodens bei 37°, dagegen deutliche Hämolyse bei 22°. Sehr selten im Genitaltraktus. Von mir aus dem Eiter einer tötlich verlaufenen Parametritis gezüchtet[57]).

Die neuesten Untersuchungen durch O. Bail und

---

[54]) Schottmüller, M. m. W., 1911, p. 2172.
[55]) cf. v. Herff, Kindbettfieber, p. 554.
[56]) Lüdke und Polano, M. m. W., 1909, p. 4.
[57]) Näheres über diesen Fall s. H. Breitung, Inaug.-Diss., Straßburg, 1910, p. 38.

F. Kleinhans[58]) beweisen, daß auch die Kapselbildung kein konstantes Merkmal darstellt, daß vielmehr auch hier Übergänge in allen Abstufungen gesehen werden. Ich konnte mit meiner verfeinerten Methode der Darstellung von Bakterienkapseln[59]) bei der Untersuchung von Eiter oder Lochien häufig eine deutliche Schleimhülle erkennen, die aber in den Kulturen nicht mehr zur Geltung kam. Für die Bezeichnung «Streptococcus capsulatus» muß daher der Nachweis der Kapsel mindestens bei der ersten Generation auf künstlichem Nährböden erbracht werden!

Der durch Bordet[60]) angeregten Auffassung, daß die Kapselbildung ein Zeichen besonderer Infektiosität sei, dürfte durch die experimentellen Untersuchungen von Bail und Kleinhans ihre allgemeine Gültigkeit genommen sein; schon Lüdke und Polano hatten hervorgehoben, daß die Pathogenität des Streptococcus mucosus den gleichen Schwankungen unterworfen ist, wie die der anderen Streptokokken.

g) **Pneumococcus,** ausgesprochen lanzettförmiger Diplococcus mit deutlicher Kapsel. In Bouillonkulturen auch echte Kettenbildung. Verfärbt den Blutagar ähnlich wie der Parapneumococcus, aber infolge des gleichzeitig gebildeten Hämolysins erscheint der Blutagar nicht getrübt, sondern die Kolonie ist zunächst von einem intensiv gelben, mehr oder weniger aufgehellten Hof umgeben.

Nach Kruse und Pansini[61]), Weichselbaum[62]) u. a. ist der Pneumococcus vom Streptococcus pyogenes nicht streng abgrenzbar; ich führe ihn daher hier unter dem «Streptococcus pyogenes» an, obwohl ich selbst den Übergang bei ein und derselben Kranken bisher noch nicht so direkt beobachten konnte, wie bei dem Parapneumococcus. Einen hoch-

---

[58]) O. Bail und F. Kleinhans, Versuche über die Infektiosität von Strept. beim Meerschweinchen, Zeitschr. f. Immunitätsforsch. I, Orig. Bd. 12, 1912, p. 199.

[59]) Hamm, Beobachtungen über Bakterienkapseln auf Grund der Weidenreichschen Fixationsmethode. C. f. Bakt. I, Orig. Bd. 43, 1907, p. 287.

[60]) Bordet, Ann. de l'Inst. Pasteur, 1897, t. 11, p. 177.

[61]) Kruse und Pansini, Untersuchungen über den Diplococcus pneumoniae und verwandte Streptokokken. Zeitschr. f. Hyg. u. Inf., Bd. 11, 1892, p. 279.

[62]) Weichselbaum, Diploc. pneumoniae in Kolle-Wassermanns Handb. d. pathog. Mikroorg., Bd. 3, 1903, p. 208.

interessanten Fall von metastatischer lymphogener Pneumokokkensepsis im Anschluß an Pneumonie hat C z e m e t s c h k a[63] klargelegt.

Einen Fall von Pneumokokokkensepsis im Anschluß an Fieber in der Geburt hat jüngst S a c h s[64] (p. 235) angedeutet.

Auch ich konnte einen Fall von Pneumokokkenfieber in der Geburt beobachten[65], bei dem sich allerdings bloß eine Pneumokokkenpyelitis sowie eine Parakolpitis im Wochenbett entwickelte.

Betreffs der anderen in der Literatur über puerperale Pneumokokkeninfektionen vorliegenden Mitteilungen, möchte ich mich der kritischen Bemerkung K o c h s[66] anschließen, daß es sich zum Teil wohl um Infektionen mit Parapneumococcus gehandelt haben mag. —

Wenn ich es unternommen habe, diese auf der Blutagarplatte immerhin recht diffenrenten Wachstumstypen als zu ein und derselben Art des S t r e p t o c o c c u s p y o g e n e s gehörig hinzustellen, so bestimmte mich dazu nicht bloß die seit langem bekannte, zum großen Teil von den Wachstums- und Ernährungsbedingungen abhängige V a r i a b i l i t ä t der einzelnen Bakterienstämme, d. h. das Eintreten a l l m ä h l i c h e r Veränderungen bei ein und demselben Stamme, im Sinne einer Anpassung oder Degeneration, sondern vor allen Dingen deren erst im letzten Jahrzehnt bekannt gewordenes **Mutationsvermögen.**

Ich muß hierauf etwas näher eingehen, da ich diese Tatsache in unserer Fachliteratur bisher überhaupt nicht erwähnt finde.

Dem Botaniker H u g o d e V r i e s[67] ist es gelungen, den Nachweis zu erbringen, daß im ganzen Pflanzenreich gelegentlich plötzliche, «sprunghafte» Veränderungen im Wachstumstypus vorkommen können, die wohl geeignet sein dürften, das

---

[63] C z e m e t s c h k a, Zur Kenntnis der Pathogenese der puerperalen Infektion. Prager med. Wochenschr., 1894, Nr. 19.

[64] E. S a c h s, Z. f. G., Bd. 70, 1912, p. 222.

[65] H a m m, Zur Lehre des Fiebers unter der Geburt, Vortrag in Baden am 22. X. 1911, ref. Hegars Beiträge. Bd. 17, 1912.

[66] C. K o c h, Ein hämoglobinophiles Stäbchen als Fiebererreger im Wochenbett. Z. f. G. G., Bd. 69, 1911, p. 635.

[67] H. d e V r i e s, Die Mutationstheorie, Leipzig, 1901 und 1903.

Hervorgehen verschiedener Arten aus ein und demselben Stamm zu erklären, insofern als durch die M u t a t i o n neue, dauernde Eigenschaften auftreten.

Es war vorauszusehen, daß sich bei den schnellebigen «infiniment petits» derartige Vorkommnisse leichter und schneller nachweisen ließen, als in der übrigen Pflanzenwelt; und in der Tat häufen sich in den letzten Jahren die Mitteilungen positiver Beobachtungen derart, daß die Bedeutung der Mutation gerade für die Bakteriologie heute allgemein anerkannt sein dürfte[68]. Solche plötzliche Spaltungen des ursprünglich einheitlichen Typus in zwei oder mehrere Modifikationen sind von M. N e i s s e r und M a s s i n i für B. coli (= B. coli « m u t a b i l e »)[69] von R e i n e r - M ü l l e r[70] für T y p h u s - und R u h r b a k t e r i e n, von G o t s c h l i c h[71] für den P e s t - b a z i l l u s, von B a e r t h l e i n[72] für die C h o l e r a - v i b r i o n e n einwandsfrei nachgewiesen worden. Für S t r e p - t o k o k k e n und S t a p h y l o k o k k e n liegen dahingehende experimentelle Untersuchungen seitens der Fachbakteriologen noch nicht vor; bei meinen oben erwähnten, in diesem Sinne auf Anregung von Herrn Geheimrat Prof. Dr. U h l e n h u t h unternommenen Reagenzglasversuchen, ist es mir bisher nicht geglückt, nebeneinander auf derselben Blutagarplatte, die sicher aus einem Stamm hervorgegangenen verschiedenen Wachstumstypen nachzuweisen; aber es mag das zum Teil durch die Natur meiner Stämme bedingt gewesen sein. Ich verwandte nämlich zu diesen Untersuchungen 12 Stämme, die ich aus meinen laufenden Untersuchungen des Scheidensekrets von Kreißenden und Wöchnerinnen gerade zur Hand hatte. Nun ist aber bekannt, daß das Auftreten von «sprunghaften Varietäten» besonders häufig bei solchen Stämmen beobachtet

---

[68]) Näheres s. G o t s c h l i c h, Handb. d. path. Mikroorg., II. Ergänzungsband 1909, p. 23 ff.; ferner H. P r i n g s h e i m, Die Variabilität niederer Organismen, eine deszendenztheoretische Studie, Berlin 1910.

[69]) M. N e i s s e r und M a s s i n i, Über einen in biologischer Beziehung interessanten Kolistamm, Arch. f. Hyg., Bd. 61, 1907, p. 250.

[70]) R e i n e r - M ü l l e r, Cf. Bakt., I. Orig. Bd. 58, 1910, p. 97.

[71]) G o t s c h l i c h, Handbuch d. path. Mikroorg., II. Ergänzungsband 1909, p. 27.

[72]) B a e r t h l e i n, Über mutationsartige Wachstumserscheinungen bei Choleravibrionen. Bakt. klin. Wochenschr., 1911, p. 373.

wird, die längere Zeit ein l a t e n t e s L e b e n im menschlichen Organismus geführt haben. Da aber den in einem solchen Ruhezustand befindlichen endogenen Scheidenbakterien der Anstoß zum sprunghaften Variieren z. B. schon durch die veränderten Lebensbedingungen beim Geburtsbeginn gegeben sein dürfte, so ist es mir nicht unwahrscheinlich, daß die Mutationsbildung, falls dem einen oder anderen Stamme eine solche überhaupt immanent war, bereits vor meiner Entnahme in der Scheide aufgetreten und infolgedessen zunächst nun nicht wieder anzuregen war. Ich glaube, daß bei späteren derartigen Untersuchungen diese Möglichkeit berücksichtigt werden müßte, und man besser solche Stämme verwendete, die aus der «ruhenden» Scheide herausgezüchtet wurden.

Bedenkt man, daß das Auftreten von Mutationserscheinungen bei ein und derselben Art nur unter einzelnen wenigen Stämmen und auch da unter vielen Generationen nur ab und zu einmal gefunden wird, nämlich, wie d e V r i e s sich ausdrückt «zur Zeit einer Mutationsperiode», so erscheint es als selbstverständlich, daß, wie auch G o t s c h l i c h hervorhebt (l. c. p. 25), das Nichtgelingen von Umzüchtungsversuchen [73]) keineswegs als Gegenbeweis gegen einen einmal wirklich zuverlässig festgestellten positiven Erfolg verwendet werden darf.

Als Beweis für das Vorkommen e c h t e r M u t a t i o n e n auch bei den S t r e p t o k o k k e n, möchte ich aber folgende Beobachtungen ansprechen:

Zunächst die bereits oben (p. 34) ausführlich mitgeteilte Angabe S c h o t t m ü l l e r s, der beim Fortzüchten eines anhämolytischen Streptokokkenstammes in Menschenblutplasma zuweilen wieder hämolytische Kolonien auftreten sah. Ich selbst konnte, durch Herrn Geheimrat Prof. Dr. U h l e n h u t h auf die Möglichkeit des Vorkommens von Mutationserscheinungen bei Streptokokken aufmerksam gemacht, einmal folgendes feststellen:

Bei einer am 20. I. 1912 unter pelviperitonitischen Erscheinungen eingelieferten Frau (E. S., Gyn.-J. Nr. 46, 1912) entwickelte sich, gewissermaßen unter unseren Augen, sehr schnell unter hohem Fieber ein Douglasabsceß, der am

---

[73]) Die Schlußfolgerungen L e B l a n c s (C. f. B. I, Orig. Bd. 61, 1911. p. 84) scheinen mir aus eben diesem Grunde keineswegs beweisend, ebensowenig die Ausführungen R o l l y s (ibidem p. 86).

27. I. 1912 inzidiert werden mußte. Die Frau hatte am 24. November 1911 zum letzten Male geboren, war im Spätwochenbett fieberhaft erkrankt und klagte seither über Schmerzen in der rechten Unterbauchseite. In der Scheide fanden sich aerob neben viel Streptococcus haemol. vulgaris und Pseudodiphtheriebazillen weniger Micrococcus tetragenus albus und vereinzelt Staph. alb. ahaem. und Staph. aureus haem. Anaerob viel Strept. haem. vulg. und vereinzelt Strept. putridus. Im Punktionseiter aus dem Douglas ließen sich mikroskopisch massenhaft längere und kürzere Streptokokkenketten, sowie einzelne Häufchen kleiner Kokken, meist Diplokokken nachweisen. Kulturell wuchs aus dem Eiter, aerob wie anaerob eine Mischkultur von viel sehr großen, stark hämolytischen Streptokokkenkolonien und wenig kleinen, erst am 2. Tag deutlich sichtbaren, von leicht aufgehelltem, tiefgrünem Hof umgebene Kolonien, die sich kulturell ebenfalls als Streptokokken identifizieren ließen (Strept. viridans!). Am 13. II. wuchsen aus der Scheide viel Parapneumokokken und nur vereinzelt stark hämol. Streptokokken. Am 17. II. konnte die Patientin annährend geheilt entlassen werden. — Daß es sich hier bei dem wohl im Anschluß an puerperale Salpingitis akut entstandenen postpuerperalen Douglasabsceß, um eine Infektion durch 2 verschiedene Streptokokkenarten (Strept. haem. vulg. und Strept. viridans) gehandelt habe, ist doch nicht sehr wahrscheinlich; viel näherliegend dürfte die Annahme erscheinen, daß wir eine im Körperinnern aufgetretene Spaltung eines Streptokokkenstammes vor uns haben; ein sicherer Beweis läßt sich natürlich, wie bei den meisten derartigen in vivo vermuteten Mutationsvorgängen, nicht erbringen.

Nicht weniger Interesse verdient eine andere Beobachtung:

Bei einer wegen Eklampsieverdachtes frisch entbunden eingelieferten Wöchnerin (Frau B., Geb.-J. Nr. 202, 1912) fand ich am 5. III. in der Scheide in überwiegender Mehrzahl S t r e p t. h a e m o l. v u l g a r i s; daneben wenig S t r e p t. l e n t u s und noch weniger a n h ä m o l y t i s c h e S t r e p t o k o k k e n, sowie vereinzelte Pseudodiphtheriebazillen. Bei der Frau entwickelte sich eine vorwiegend rechtsseitige Metrophlebitis; das am nächsten Tag, 10 Stunden nach einem kurzen Schüttelfrost bei 39,2° entnommene Blut war steril. In der Scheide waren am 9. und 11. III. viel hämolytische, wenig Strept. lentus nach-

weisbar, am 16. III. zeigte sich in der Scheide eine Reinkultur von Streptococcus haem. vulgaris! An diesem gleichen Tage wurde direkt am Schluß eines erneut aufgetretenen Schüttelfrostes Blut entnommen, und zwar je 20 ccm in jeden Nährboden. Sowohl in der aeroben Bouillon (weite Zylinderröhre), wie in der anaeroben Bouillon (engere, hohe Zylinderröhre, ausgekocht, mit Paraffin. liquid. überschichtet) zeigte sich eine Reinkultur anhämolytischer Streptokokken. In der Zylinderagarröhre konnte man hingegen deutlich am Glasrand eine hämolytische Kolonie neben wenigen anhämolytischen erkennen. Beim Aufschneiden des Agarzylinders ließen sich dann deutlich 3 hämolytische und etwa 10 anhämolytische Kolonien unterscheiden, die beim Weiterimpfen sich als hämolytische und anhämolytische Streptokokken zu erkennen gaben. Im Ausstrich einer Öse aus der Blutbouillon waren bloß anhämolytische Streptokokken nachweisbar, offenbar waren dort die nur in geringer Zahl vorhandenen hämolytischen von den anhämolytischen völlig überwuchert worden. Leider hatte sich bei der letzten Blutaspiration zum Anlegen der Blutagar-Gußplatte die Spritze gesperrt, so daß gerade diese Aussaat, die am deutlichsten das Nebeneinanderbestehen der beiden Wuchsformen hätte demonstrieren können — v o r a u s g e -
s e t z t, d a ß   d i e   K e i m e   d a r a u f   ü b e r h a u p t   a n g e -
g a n g e n   w ä r e n! — mir leider fehlt.

Vergleichen wir diesen Blutbefund mit den verschiedenen Scheidensekretbefunden, so glaube ich, daß wir ohne Zuhilfenahme des Mutationsphänomens eine Erklärung nicht gut abgeben könnten; denn daß es sich um eine Mischinfektion von hämolytischen und anhämolytischen Strektokokken handelte, bei der am 6. Tag die anhämolytischen Keime bereits aus der Scheide geschwunden waren, während sie im Blute erst am 12. Tage — und zwar dort in überwiegender Anzahl! — auftraten, hieße doch den Tatsachen etwas Gewalt antun.

Ich bin mir wohl bewußt, daß diese beiden Beobachtungen nicht den Anspruch auf den Wert eines exakten Experimentes, wie es z. B. die Züchtung nach der B u r r i schen Einzellenkultur-Methode darstellt, erheben können; immerhin dürften sie die Möglichkeit des Auftretens von Mutationen auch bei Streptokokken in hohem Grade wahrscheinlich machen und die Anregung zu weiterer experimenteller Forschung geben.

Besonders aber werden uns jetzt so merkwürdige Beobachtungen wie die von A. S c h e i b, der, wie bereits erwähnt (p. *32*), aus dem mütterlichen Uterus einen h ä m o l y - t i s c h e n, n i c h t p e p t o n i s i e r e n d e n S t r e p t o c o c c u s isolierte, der erst nach 4½ monatlicher Weiterzüchtung « p l ö t z l i c h » alle Eigenschaften des aus dem mütterlichen Blute sowie dem kindlichen Erysipel gezüchteten p e p - t o n i s i e r e n d e n S t r e p t. v i r i d a n s annahm, als durchaus natürliches Vorkommnis erscheinen, weil wir wissen, daß ihnen eine «innere Ursache», analog W e i s m a n n s «primären Keimesvariationen» zu Grunde liegt!

Wir glauben also im Gegensatz zu L a m e r s (l. c. p. 18), daß durchaus nicht immer «einige Tage oder doch wenige Stunden» nötig sein werden, um das Auftreten der Hämolyse bei einem vorher anhämolytischen Stamm sichtbar zu machen, sondern wir möchten behaupten, daß mindestens ebenso oft, wenn nicht sogar häufiger, die Hämolyse ganz plötzlich, b l i t z a r t i g in die Erscheinung tritt! Dasselbe gilt von den anderen fermentativen und Wachstumseigenschaften der Streptokokken.

Wenn wir daher einen bestimmten Wachstumstypus des S t r e p t o c o c c u s vor uns haben, so kann dieser einmal das Produkt sein einer f l u k t u i e r e n d e n V a r i a t i o n, einer individuellen Abstufung auf Grund veränderter Lebensbedingungen, oder aber einer M u t a t i o n, einer plötzlichen, sprunghaften Veränderung aus «inneren Ursachen»; schließlich kann auch einmal beides zusammen eintreffen.

Vergegenwärtigen wir uns nun, daß all die oben erwähnten f e r m e n t a t i v e n E i g e n s c h a f t e n (Hämolyse, Säurebildung, Grünfärbung des Blutes), ferner die W u c h s f o r m e n (als kugelrunder, querovaler oder längsovaler bis lanzettförmiger Coccus, der dazu von keiner, oder einer ganz zarten bis zu einer «makroskopisch sichtbaren» Schleimhülle umgeben sein kann), die W a c h s t u m s s c h n e l l i g k e i t und damit die Größe der Kolonien, endlich das S a u e r s t o f f - b e d ü r f n i s, i n d e n v e r s c h i e d e n s t e n A b s t u - f u n g e n bei den Streptokokken nachweisbar sind, und daß plötzlich die eine oder die andere dieser Eigenschaften durch sprunghafte Mutation besonders stark ausgeprägt sein kann, so werden wir uns über die früheren Versuche, die Streptokokken in verschiedene « A r t e n » einzuteilen, nicht mehr wundern; aber wir werden auch alle weiteren «Proben» (L a - m e r s), die bloß bei den Keimen selbst einsetzen, um eine Unterscheidung zwischen «indifferenten» und «pathogenen» hämolytischen Streptokokken festzustellen, a priori zurückweisen!

Damit bleibt die von S c h o t t m ü l l e r, Z a n g e - m e i s t e r, V e i t, W i n t e r, S a c h s, m i r und vielen anderen hervorgehobene Tatsache, daß die hämolytischen Streptokokken i m a l l g e m e i n e n als die virulentesten anzusehen sind, als Erfahrungstatsache durchaus zu Recht bestehen. Wir dürfen uns aber dadurch nicht dazu verleiten lassen, im Hämolysierungsvermögen als solchem nun allgemein eine besondere «Giftigkeit» eines Keimes für den menschlichen Organismus zu erblicken — gibt es doch eine ganze Reihe unschuldiger Luftkeime, die stark hämolysieren! — wir stellen bloß fest, daß erfahrungsgemäß b e i d e n S t r e p t o k o k k e n ein gewisser Parallelismus zwischen Hämolyse und Virulenz besteht.

Z a n g e m e i s t e r[74]) konnte bekanntlich nachweisen, daß die hämolytischen Streptokokken im allgemeinen sich bloß dort finden, «wo sie aus dem Bereich einer von ihnen erzeugten Infektion hervorgehen», was ich durch meine mit S t a c h v. G o l t z h e i m[75]) vorgenommenen Untersuchungen durchaus bestätigen konnte. Ich möchte aber doch nicht so weit gehen wie Z a n g e m e i s t e r[76]), zu behaupten, daß nun der Befund hämolytischer Streptokokken allein schon das V o r h a n d e n - s e i n e i n e r I n f e k t i o n beweise; denn wenn wir auch durch unsere Untersuchungen wissen, daß das, was wir «Infektionskampf» nennen, offenbar häufig den Anstoß zum Auftreten der Hämolyse gibt, so dürfen wir hierin doch nicht mit Sicherheit den einzigen oder gar den sicher ausschlag-

---

[74]) Z a n g e m e i s t e r, Über die Verbreitung der Strept. im Hinblick auf ihre Infektiosität und ihre hämol. Eigenschaft. M. m. W., 1910, p. 1269.

[75]) S t a c h v. G o l t z h e i m, Über das Vorkommen der häm. Strept. in der Außenwelt und deren Bedeutung für das Puerperalfieber. Inaug.-Diss., Straßburg 1910. In demselben Sinne äußert sich C. K o c h. M. f. G., Bd. 33, 1911, p. 311.

[76]) Z a n g e m e i s t e r, Die bakt. Unters. im Dienste etc. Berlin 1910, p. 20.

gebenden Faktor erblicken. Ich kann ferner Z a n g e m e i s t e r nicht zustimmen, wenn er meint, daß der Befund hämolytischer Streptokokken im Scheidensekret — g e n a u e r a l s d a s T h e r m o m e t e r — ·den Prozentsatz der (mit Strept.) i n f i z i e r t e n Wöchnerinnen vor Augen führe. Bis jetzt ist uns bloß bekannt, daß die Streptokokken am häufigsten dann die Eigenschaft zu hämolysieren erwerben, wenn sie das Gewebe zu infizieren vermögen; aber es mag doch auch noch andere Faktoren geben, die sie zur Hämolysinbildung anregen; dafür sprechen doch deutlich die Versuche N a t v i g s und H ö s s l i s! Andererseits dürfen wir durchaus nicht immer annehmen, daß da, wo der hämolytische Streptococcus gerade gefunden wird, er nun auch hämolytisch geworden sein muß; ein in den puerperalen Lochien nachgewiesener Streptococcus kann ja auch einmal von einer früheren Infektion her dort noch weiter wuchern. Den besten Beweis dafür liefern die auch Z a n g e m e i s t e r [77]) bereits bekannten «Streptokokkenträge-rinnen», zu denen wir wohl einen unserer Fälle rechnen müssen, den ich seiner Wichtigkeit halber kurz erwähnen möchte:

Frau R. S., Geb.-J. Nr. 65, 1912. Aufnahme am 11. I. 1912 wegen Frucht-wasserabgang. Gravidität Anfang IX. Monat. Draußen nicht untersucht. Im Scheidensekret viel Streptococcus anhaemolyticus, weniger Strept. haem. vulgaris (Kolonien etwas flach, Hof mittelgroß, wasserklar). Da trotz anhal-tendem Fruchtwasserabgang Wehen nicht eintreten, wird am 15. I. 12 beschlossen, durch Galvanisierung nach B a y e r [78]) die Wehen anzuregen.

Nach dreimaligem Galvanisieren in 22stündiger Wehentätigkeit, die zuletzt durch Pituitrin verstärkt wurde, Spontangeburt des 42 cm langen Kindes am 17. I. 8 h. a. m. In dem kurz vorher entnom-menen Scheidensekret jetzt R e i n k u l t u r h ä m o l y t i s c h e r S t r e p-t o k o k k e n. Eine halbe Stunde vor der Geburt, als die Frau anfing mitzupressen, Auftreten eines leichten Schüttelfrostes. Temperatur 38,6°. Wegen der starken Preßwehen kann die Blutentnahme erst 5 Minuten nach der gleich post partum erfolgten spontanen Ausstoßung der Pla-centa, also im ganzen etwa 40 Minuten nach Auftreten des Frostes vor-genommen werden. Sie ergab folgendes Resultat: Die aerobe B l u t a g a r-g u ß p l a t t e (20 ccm Blut auf 80 ccm Agar) bleibt s t e r i l, ebenso die beiden mit je 3 und 4 ccm Blut beschickten Röhrchen nach B u r c k h a r d t-S o c i n! In der hohen B o u i l l o n-Röhre (20 ccm Blut auf 80 ccm Trauben-zuckerbouillon, ohne Überschichtung) zeigt sich nach 20 Stunden deutliche Trübung und eine ca. 5 cm hohe hämolytische Zone über dem Blutboden-satz. Eine Öse der umgeschüttelten Bouillon auf aerober und anaerober Blut-

---

[77]) Z a n g e m e i s t e r, cf. Prakt. Ergebn. von F r a n z - V e i t, Bd. I, 2, p. 402.

[78] cf. H a m m, M. m. W., 1912, p. 80.

agarplatte ausgestrichen, ergibt eine Reinkultur hämolytischer Streptokokken, die anaerob besser wachsen und schneller hämolysieren als aerob.

In der Zylinderagarröhre erkennt man schon nach 8 Stunden an der Peripherie eine hämolytische Kolonie; beim Aufschneiden der Agarsäule am 5. Tag werden 3 Kolonien hämolytischer Streptokokken gefunden vom selben Wachstumstypus wie in der Bouillon.

In dem am 18., 19., 22. und 24. I. entnommenen Lochialsekret findet sich eine Reinkultur hämolytischer Streptokokken, trotzdem stieg die Temperatur während des ganzen Wochenbetts nie über 37,2°, der Puls blieb um 70.

Das 4 Wochen post partum abgeimpfte Scheidensekret zeigte sich immer noch dicht besät mit hämolytischen Streptokokken!

Es handelte sich hier also offenbar um einen Übertritt der Scheidenkeime ins Blut von der Uterushöhle aus gelegentlich des Geburtsakts. Bei der Blutentnahme, die erst 40 Minuten nach dieser — durch einen Schüttelfrost gekennzeichneten — Streptokokkenaussaat ins Blut vorgenommen wurde, konnten wir allerdings bloß noch wenige Keime im strömenden Blute nachweisen, die bei der früher üblichen Methodik der Blutuntersuchung der Beobachtung überhaupt entgangen wären; aber immerhin hätten diese Keime wohl genügt, um eine schwere puerperale Sepsis auszulösen, wenn nicht der Organismus eine ganz besondere Widerstandskraft gegen diese sonst so gefürchtete Keimart besessen hätte.

Daß das Blut der Mutter tatsächlich spezifische Schutzstoffe gegen Streptokokken enthielt, vermochte ich tierexperimentell nachzuweisen: 1 ccm des Serums der Mutter schützte Mäuse gegen die letale Dosis. Diese Beobachtung, auf die ich bei anderer Gelegenheit ausführlicher eingehen werde, beweist die Unrichtigkeit der Behauptung von S a c h s[79]): «Für die hämolytischen Streptokokken gibt es keine primäre Immunität wie bei den Staphylokokken.» Wir haben eben bisher bloß nicht mit der richtigen Methode darnach gesucht!

Auch Z a n g e m e i s t e r[80]) erwähnt unter seinen Fällen mit infektiösem Sekretcharakter eine Frau mit Reinkultur von reichlich hämolytischen Streptokokken im Lochialsekret bereits am 2. Wochenbettstag, ohne daß erhöhte Temperatur aufgetreten wäre.

Ferner fand R e i b m a y r[81]) unter 200 am 2. bis 3. Tag

[79]) E. S a c h s, Jahreskurse für ärztl. Fortbildg., 1911, H. 7, p. 39.
[80]) Z a n g e m e i s t e r, Die bakt. Unters. im Dienste etc., p. 9.
[81]) R e i b m a y r, A. f. G., Bd. 92, 1911, p. 759.

systematisch untersuchten Wöchnerinnen 8 Mal hämolytische Streptokokken ganz oder fast in Reinkultur bei f i e b e r - f r e i e m Verlauf!

Wir dürfen nie vergessen, daß ebensogut wie die einmal erworbene Eigenschaft der Hämolyse schnell verschwinden kann zu einer Zeit, wo die Streptokokken noch einen hohen Grad von Virulenz besitzen (Beweis: N a t v i g s «Stamm 5», das Verschwinden der Hämolyse bei Keimen im Blut, im Eiter von Mastitis oder Parametritis), die Hämolyse auch einmal noch lange erhalten bleiben kann, während von Virulenz nicht mehr die Rede ist (cf. «Kokkenträgerinnen»). Wir dürfen also nicht ohne weiteres behaupten, daß da, wo wir hämolytische Streptokokken finden, auch eine Infektion vorliegen muß, wie Z a n g e m e i s t e r, S a c h s, O p i t z und R e i b m a y r (p. 755) annehmen möchten; hingegen werden wir auch fernerhin mit Recht im hämolytischen Streptococcus einen Keim erblicken, der vor nicht allzulanger Zeit ein parasitäres Leben geführt hat. Folglich werden wir bei ihm mit größerer Wahrscheinlichkeit als beim anhämolytischen Streptococcus damit rechnen müssen, daß er seine Invasionskraft aufs Neue entfaltet, daß seine Virulenz wieder aufflackert!

Es ist daher durchaus logisch und wünschenswert, daß den Trägern hämolytischer Streptokokken seitens des Geburtshelfers ganz besondere Aufmerksamkeit geschenkt werde; scheint doch den « K o k k e n t r ä g e r i n n e n »[82]), wie ich sie kurzweg nennen möchte, für die Epidemiologie des Puerperalfiebers eine ähnliche Bedeutung zuzukommen wie den «Bazillenträgern» für die Ausbreitung des Abdominaltyphus! Neben dem Vorkommen hämolytischer Streptokokken in der Scheide gesunder Frauen wird hier besonders die M u n d - h ö h l e beachtet werden müssen. G u t t m a n n[83]) hat in einer

---

[82]) Ich halte es nicht für rationell, die Bezeichnung «Bazillenträgerin» mit S a c h s (l. c. p. 19) auf alle Frauen auszudehnen, die in ihrer Scheide «pathogene Keime» beherbergen: ich möchte als «Kokkenträgerin» nur die Frau gelten lassen, die in ihrer Scheide eine R e i n k u l t u r v o n S t r e p t o k o k k e n birgt! «Bazillenträgerin» im Sinne von S a c h s ist meines Erachtens schließlich jede Frau.

[83]) G u t t m a n n, Die Mundhöhle der Hebammen, eine Infektionsgefahr für Wöchnerinnen, Deutsche Monatsschr. für Zahnheilk., Bd. 28, 1910, p. 385.

interessanten Studie auf diese Infektionsquelle hingewiesen. Z a n g e m e i s t e r [84]) erwähnt eine leichte Streptokokkenepidemie im Anschluß an eine Angina bei einer Hebamme.

Wir selbst haben eine recht unangenehme Beobachtung in dieser Richtung machen müssen. Schon bei den systematischen Untersuchungen, die S t a c h v o n G o l t z h e i m ausgeführt hatte, war es aufgefallen, daß eine unserer Hebammen, die zugab, in den letzten Tagen an Schluckbeschwerden gelitten zu haben, in ihrem Rachen auffällig viel hämolytische Streptokokken barg. Da wir bei Angina auch an anderen Untersuchten einen gleichen Befund erhoben hatten, wurde unter Anweisung zur nötigen Vorsicht die Sache nicht weiter verfolgt. Nun fiel es auf, daß im Laufe des Jahres 1911 mehrere Infektionen vorkamen gerade bei Patientinnen, die von dieser Hebamme besorgt worden waren. Der auf Anraten von Herrn Prof. F e h l i n g von mir ausgeführte Rachenabstrich ergab die Anwesenheit sehr schnell wachsender hämolytischer Streptokokken fast in Reinkultur. Herr Prof. M a n a s s e, der darauf hin zu Rate gezogen wurde, stellte zahlreiche eitrige Pfröpfe in den hypertrophischen Rachenmandeln fest und enucleierte beide Tonsillen. Abgesehen von einer mäßigen lokalen Phlegmone in den ersten 8 Tagen verlief die Heilung glatt und ohne Fieber, — auch hier sind bei wiederholter Untersuchung jedesmal Schutzstoffe im Blut nachgewiesen worden! — schon 14 Tage später waren nur noch vereinzelte hämolytische Streptokokken neben viel Strept. viridans vorhanden, nach 4 Wochen bloß noch Strept. viridans in geringerer Menge. Dieser Fall beweist, daß wir durch radikale Beseitigung eines selbst geringen Infektionsherdes auch die hämolytischen Streptokokken zum Verschwinden bringen können, und daß unsere Bestrebungen zur Keimvernichtung zunächst bei etwaigen pathologisch-anatomischen Veränderungen einzusetzen haben; daß wir damit allerdings nicht immer zum Ziele kommen, ist uns leider ebenso bekannt.

Auf « K o k k e n t r ä g e r i n n e n » müssen wir ferner besonders achten in unseren Wochenzimmern. Bekanntlich hat

---

[84]) Z a n g e m e i s t e r, M. m. W., 1910, p. 1269.

zuerst F e h l i n g [85]) nachdrücklich und wiederholt [86]) hinge-wiesen auf die Häufigkeit der «Sekundärfieber», die durch Keime, die erst im Wochenbett einwandern, ausgelöst werden. Auch möchte ich hier an die klassischen Versuche v o n E i s e l s b e r g [87]) erinnern, der auf Agarplatten, die er in der Nähe von Erysipelkranken aufstellte und eine Zeit-lang der Luft aussetzte, wiederholt Streptokokkenkolonien aufkeimen sah (offenbar gelangten sie mit den Erysipelschuppen als «Staub» in die Luft!). Von welch· heilbringender Bedeutung da rationelle Isolierungsmaßnahmen sein können, beweist die Mitteilung K o c h s [88]) aus der K r ö m e r schen Klinik. Über ähnliche Erfahrungen berichten F a b r e und G o n n e t [89]) so-wie D u r l a c h e r und B o u r r e t [90]).

Die hohe Bedeutung des S t r e p t o c o c c u s p y o g e n e s für die Ätiologie des Kindbettfiebers, sowie die gerade in den letzten Jahren so heiß umstrittene klinische Wertigkeit des «hämolytischen Streptococcus» mag es rechtfertigen, daß ich bei diesem Keime so lange verweilen mußte. Es entspräche aber durchaus nicht meinen Anschauungen, wenn dadurch die Wichtigkeit der jetzt zu beschreibenden Keime für die puer-perale Infektion in den Hintergrund gedrängt würde, wie es z. B. bei den Zusammenstellungen von F r o m m e [91]) und Z a n g e m e i s t e r [92]) der Fall ist; bezwecken doch meine Ausführungen zum Teil, gerade darauf hinzuweisen, daß wir

---

[85]) F e h l i n g, Einige Bemerkungen über die nicht auf direkter Über-tragung beruhenden Puerperalerkrankungen. Arch. für Gyn., Bd. 32, 1888, p. 427.

[86]) F e h l i n g, Klinische Untersuchung und Morbidität im Kindbett, Ver-handl. der D. G. f. Gyn., Bd. VIII, 1899, p. 327.

[87]) v. E i s e l s b e r g, Langenbecks Arch. f. klin. Chirurgie, Bd. 35, 1887, p. 1.

[88]) K o c h, Autogene oder ektogene Infektion? M. f. G., Bd. 33, 1911, p. 297.

[89]) F a b r e et G o n n e t, Dangers de l'infection secondaire des femmes en couche par les «porteurs sains de streptocoques». Réun. obstétric. de Lyon, 22 déc. 1909. L'Obstétr. N. S., t. III, 1910, p. 182.

[90]) D u r l a c h e r et B o u r r e t, Quelques notions nouvelles, etc.; les porteurs sains, les porteurs imprévus; la détermination de la virulence du streptocoque hémolysant. L'Obstétr. N. S., t. III, 1910, p. 673.

[91]) F r o m m e, Phys. u. Path. des Wochenbetts, Berlin 1910.

[92]) Z a n g e m e i s t e r, Die bakteriologische Untersuchung im Dienste etc. Berlin, 1910.

die «Bakteriologie des Puerperalfiebers» nicht so sehr zuspitzen dürfen auf eine möglichst feine Erkennung gewisser Wachstumseigenschaften des Streptococcus, als vielmehr auf eine möglichst vielseitige und gründliche Durchforschung der puerperalen Sekrete sowie des Blutes nach den allgemeinen Prinzipien der bakteriologischen Diagnostik und den dort sich bewährenden Untersuchungsmethoden!

2. **Staphylococcus pyogenes:** Auf Blutagar 2—5 mm große, speckig glänzende, seltener matte, glattrandige, erhabene Kolonien. Hämolysinbildung meist erst nach 24 Stunden, häufig schon vorher Säurebildung (Trübung und braungrüne Verfärbung des darunterliegenden Nährbodens); Kokken immer kugelrund!

Weder Hämolyse noch Pigmentbildung, weder Säurebildung, noch Gelatineverflüssigung können mit Sicherheit zur Differenzierung in «pathogene» und «apathogene» Stämme verwandt werden, da all diese fermentativen Eigenschaften bei ein und demselben Stamm nicht selten schnell variieren[93]).

Der Staphylococcus hat im allgemeinen ein viel geringeres Penetrationsvermögen als der Streptococcus, daher ist er als Fiebererreger nach normalen Geburten seltener nachweisbar. Die meisten Fälle von tötlicher Staphylokokkeninfektion betreffen fieberhafte Aborte; hier spielt der Staphylococcus überhaupt eine viel größere Rolle. Winter[94]) fand ihn unter 80 Fällen von fieberhaftem Abort 24 mal; davon endigte einer letal, 3 waren schwer, 1 leicht krank, 19 verliefen normal. Traugott[95]) erwähnt Staphylokokken bei nahezu $^1/_3$ seiner Fälle als einzigen Infektionserreger, ich selbst[96]) konnte unter 116 bei ihrem Eintritt in die Klinik bakteriologisch untersuchten fieberfreien Aborten 22 mal (= 18,9 %) Staphylokokken (entgegen 53,9 % Streptokokken) in überwiegender Mehrzahl oder in Reinkultur im Uterussekret feststellen; 5 mal verlief der Abort fieberfrei, 1 mal trat nach der Ausräumung Fieber auf, 16 mal bestand hohes Fieber bei der Aufnahme des Aborts,

---

[93]) cf. auch P. Jung, Beitrag zur Kenntnis der Vaginalstaphylokokken, Z. f. G. G., Bd. 64, 1909, p. 505.

[94]) Winter, C. f. G., 1911, p. 570.

[95]) Traugott, Z. f. G. G., Bd. 68, 1911, p. 337 ff.

[96]) Hamm, Können wir bei der Behandlung des fieberhaften Aborts eine «bakteriologische Indikation» anerkennen? M. m. W., 1912, p. 867.

das Fieber fiel aber bei 13 dieser Fälle sofort nach der Ausräumung ab. 1 Fall fieberte nach anfangs sehr bedrohlichen Symptomen noch längere Zeit weiter (Pyosalpinx dextra) und 2 Fälle starben. Unter 84 bakteriologisch untersuchten fieberhaften Aborten waren 16 mal Staphylokokken (= 19 %) als die Infektionsträger anzuschuldigen, ein Beweis, daß doch auch dem Staphylococcus beim Abort eine nicht zu unterschätzende Bedeutung zukommt.

Besonderes Interesse verdienen, weil bisher nur selten beobachtet, die Fälle von tötlicher Staphylokokkeninfektion. Lamers[87]) hat jüngst im Anschluß an einen eigenen Fall eine Zusammenstellung der bis dahin in der Literatur bekannten Fälle von Allgemeininfektion durch Staphylokokken wiedergegeben; wenn er dabei die Angabe von E. Levy[98]), der bei je 4 Fällen von Puerperalfieber und von Pyämie im ganzen 4 mal den Staphylococcus albus im Blut der lebenden Patientin nachweisen konnte, aus dem Grunde nicht erwähnt, weil die Fälle nicht genauer beschrieben sind, so mag dies berechtigt sein; jene Angabe erscheint mir aber trotzdem beachtenswert, weil gerade auf Grund des Nachweises der Staphylokokken im kreisenden Blute E. Levy wohl der erste war, der entgegen der veralteten Bemerkung von Magnus[99]), durch die sich Lamers offenbar leiten ließ, auf diese Weise auch für Staphylokokken die Sicherheit der spezifischen Infektion frühzeitig feststellen konnte. Seither hat Semon[100]) einen in 7 Tagen tötlich verlaufenen Fall von Staphylokokken-Peritonitis nach Abort veröffentlicht. Bei einem anderen Fall von Semon mit Staphylokokkenbefund im Blut, ebenso wie bei den Fällen von Warnekros[101]) handelt es sich um «Mischinfektion». Bei meinen beiden letal verlaufenen Fällen fand ich den Staphylococcus aureus, was ich entgegen Zangemeister doch hervorheben möchte, da seine Tabelle (p. 27 der Diagnostik) den Anschein erwecken könnte, als sei der Staphylococcus

---

[87]) Lamers, Ein Fall von Sepsis im Wochenbett nach Abort durch Staphylococcus aureus haemolyticus. M. f. G. G., Bd. 33, 1911, p. 161.

[98]) E. Levy, Über die Mikroorganismen der Eiterung. Arch. f. exper. Path. u. Pharm., Bd. 29, 1892, p. 135.

[99]) Magnus, C. f. G., 1902, p. 868.

[100]) Semon, M. f. G., Bd. 33, 1911, p. 152.

[101]) Warnekros, C. f. G., 1911, p. 1010.

aureus überhaupt nicht infektionstüchtig und Z a n g e m e i s t e r
wörtlich sagt (p. 29): «Überraschend ist die geringe Bedeutung
des Staphylococcus aureus, welcher überhaupt nur relativ
selten vorkommt und dann nicht zur Infektion zu führen pflegt.»
Der eine meiner Stämme war hämolytisch, der andere durchweg anhämolytisch.

Ich führe diese beiden Fälle ihrer Seltenheit wegen hier an:

Fall 1. Frl. F. H., Geb.-J. Nr. 759, 1909; Gyn.-J. Nr. 527 a, 1909 [102]).

Am 30. September von auswärts mit der Diagnose «f i e b e r h a f t e r
A b o r t» eingeliefert. Am Abend vorher hatte sie 40°, am Tage der Aufnahme 38,3° und 108 Pulse. Am Herzen unreiner erster Ton; über den Lungen
nichts pathologisches. Der Abort im 2.—3. Monat hatte angeblich 10 Tage
vorher spontan begonnen, jetzt fanden sich noch Reste in der Uterushöhle,
die wegen der Blutung mit Finger und Kürette entfernt werden mußten. Im
Uterussekret Staphylo-, Streptokokken und Kolibakterien. Tags darauf ging
die Temperatur etwas herunter (38,5°, Puls um 90). Blutentnahme: in 20 ccm
finden sich ca. 3000 Kolonien von Staphylococcus aureus anhaemolyticus in
Reinkultur.

Am 2. X. klagt die Patientin über Schmerzen in der Herzgegend. Unter
der Herzspitze ist ein pleuritisches Reibegeräusch nachzuweisen. An der
Herzspitze und an der Pulmonalis ein systolisches Geräusch. Im Blut (immer
in 20 ccm!) 2500 Keime. Am folgenden Tage Schüttelfrost. Die Temperatur
bleibt um 39°, der Puls um 120; das Allgemeinbefinden ist ziemlich gut. Die
Lungenerscheinungen haben zugenommen: links hinten unten und links
vorn unten Reibegräusch, Perkussionsschall in diesen Partien leicht ge-
dämpft, Atemgeräusch abgeschwächt. Patientin klagt über Schmerzen im
rechten Schultergelenk; objektiv ist hier nichts festzustellen.

Am 6. X. ist über der linken Lunge hinten unten eine deutliche
Dämpfung, das Atemgeräusch abgeschwächt, außerdem klingende Rassel-
geräusche. Die Probepunktion links ist ergebnislos. In dem gewonnenen
Blut (ca. 1 ccm) wachsen ca. 500 Staphylokokkenkolonien. Heute ist auch
rechts pleuritisches Reiben zu hören. Im Blut 6000 Keime. Im Urin keine
Staphylokokken, nur Kolibakterien nachweisbar.

Am 7. X. im Blut 5000 Keime.

Am 8. X. Vaginale Totalexstirpation des Uterus mit Adnexen. Am
Abend des Operationstages im Blut 3200 Keime. Im Laufe der nächsten
Tage verschlimmert sich der Allgemeinzustand, die Lungenerscheinungen
dehnen sich aus.

Am 10. X. mäßige Dyspnoe; über dem linken Unterlappen besteht eine
intensive Dämpfung mit Bronchialatmen und klingenden Rasselgeräuschen.
Auch über dem rechten Unterlappen eine Infiltration nachweisbar, in geringe-

---

[102]) Dieser Fall ist durch S c h i c k e l e vom Gesichtspunkte der Uterus-
exstirpation aus in Hegars Beiträgen, Bd. XVI, 1911, p. 156, mit Kurve veröffentlicht worden.

rem Umfange als links. Das systolische Geräusch am Herzen ist unverändert. — Die Dyspnoe nimmt in den folgenden Tagen zu; es besteht kein Husten, kein Auswurf.

Im Blut am 14. X. 2000 Keime.

Am 18. X. 5000 Keime. Lungenveränderungen werden auch über den vorderen Abschnitten nachweisbar.

Exitus am 20. X. 8 h. p. m. In dem ca. 10 Stunden ante mortem entnommenen Blut 12 000 Keime.

Autopsie am 21. X. 1909. Sekant: Herr Prof. Chiari[103]).

Auszug aus dem Sektionsprotokoll: «In der linken Tonsille bis ¼ ccm große Pfröpfe, dieselbe im Zusammenhang damit etwas größer... In der unteren und hinteren Partie des R. Pleuraraumes serös-fibrinöseiteriges Exsudat in der Menge von 300 ccm. Die entsprechenden Partien beider Pleurablätter injiziert, getrübt und mit fibrinösem Exsudat belegt. Gegen die übrige Pleurahöhle diese Partie durch Verklebungen abgeschlossen. Ganz der gleiche Befund auf der linken Seite. Beide Lungen im allgemeinen blaß und frisch ödematös. In beiden Lungen in den Unterlappen mehr als in den Oberlappen bis 2 ccm große metastatische Abscesse. Im hinteren Rande des rechten Unterlappens außerdem mehrere bis 20 ccm große, zum Teil in Vereiterung begriffene, hämorrhagische Infarkte.

Die beiden Blätter des Herzbeutels miteinander fester verwachsen, das praepericardiale Zellgewebe nicht verändert. Auch in der Pleura mediastinalis keine Veränderung. Das Herz gewöhnlich groß. Die Klappen des linken Herzens und die Pulmonalklappen zart. An der Valvula tricuspidalis umfängliche, eine im ganzen hühnereigroße Masse darstellende, weiche, brüchige «endocarditische Excrescenzen». Herzfläche gewöhnlich beschaffen. Die großen Arterien zart; in mehreren Ästen zweiter und auch höherer Ordnung der Art. pulmonalis fahle embolische Thromben.

In der Bauchhöhle kein abnormer Inhalt; Leber blaß. Die Milz aufs doppelte vergrößert, von mittlerem Blutgehalte, weicher. Die Nieren bleich; in der linken Niere mehrere bis 1 ccm große Abscesse in der Corticalis. Der Genitalapparat bis auf die R. Adnexa operativ entfernt. Die betreffende Wunde eiternd, durch Verklebungen des Peritoneums gegen die freie Bauchhöhle abgegrenzt.

In den Venen des Unterleibes keine Veränderungen.

Bakteriologische Untersuchung: Im Nierenabsceßeiter nur reichliche grampositive Staphylokokken. In den endocarditischen Auflagerungen kulturell: Reinkultur von Staphylococcus aureus anhaemolyticus; in mikroskopischen Schnitten massenhaft Kokkenhaufen.

Pathologisch-anatomische Diagnose: «Vulnus suppurans post exstirpationem uteri et adnexorum sin. per vaginam ante dies XII (proter endometritidem). Endocarditis acuta valvulae tricuspidalis. Infarctus haem. et abscessus metast. pulmonum c. pleuritide seroso-fibrin.-purulenta bilat. Abscessus metast. renis sin. Concretio cordis c. pericardio. Pyohaemia.»

---

[103]) Für die liebenswürdige Überlassung der Sektionsprotokolle möchte ich Herrn Hofrat Prof. Dr. Chiari auch an dieser Stelle meinen verbindlichsten Dank aussprechen.

Fall 2. Fr. A. B., Gyn.-J. Nr. 441 a, 1910.

Am 27. VII. mit hohem Fieber eingeliefert, nachdem draußen 6 Tage vorher ein Abort anfangs IV. Monats ausgeräumt worden war. Blasses, febriles Aussehen, mäßiger Ernährungszustand, Atmung beschleunigt, 44! H e r z aktion erregt, kurzes systolisches Geräusch. Über der Lunge vereinzelt lautes rauhes Knarren. A b d o m e n nicht aufgetrieben, nicht gespannt; bloß linke Unterbauchseite druckempfindlich.

Beträchtliche Schwellung und Rötung der großen Labien und des Introitus vaginae. Schwellung der vorderen Scheidenwand, Parametrien und Lippe der Portio. U t e r u s faustgroß, anteflektiert. Innerer Muttermund noch durchgängig. Lochialsekret eiterig-jauchig, reichlich. Parametrien und Douglas wegen der Schwellung des Vaginalrohrs nicht deutlich abzutasten. Im Urin Spur Albumen; kulturell darin ebenso wie im Scheidensekret Reinkultur von S t a p h y l o c o c c u s a u r e u s h a e m o l y t i c u s. Remittierendes Fieber bis zu 39,6°. Puls immer frequent und klein, zwischen 100 und 140.

Vom 29. VII. ab deutlich pneumonisches Sputum, links oben leichte Dämpfung; über beiden Lungen gelegentlich Knisterrasseln. Reiben rechts und links unten. Ziemlich dyspnoisch! Geräusch an der Herzspitze deutlicher, Cystitis!

30. VII. Panaritium am r. Mittelfinger; im Eiter S t a p h y l o c o c c u s a u r e u s h a e m o l y t i c u s; in 20 ccm Blut 400 Kolonien von Staphylococcus aureus haemolyticus.

Am 31. VII. bei 38° in 20 ccm Blut 80 Keime.

Am 2. VIII. in 20 ccm 150 Keime.

Am 5. VIII. eiterige Pustel auf der Zunge, darin ebenfalls massenhaft Staphylococcus aureus haemolyticus.

Am 6. VIII. bei 39,2° 330 Keime; am 10. VIII. 312 Keime in 20 ccm Blut.

Am 12. VIII. zunehmende Dyspnoe; beiderseits mehrere kleine Herde in den Lungen nachweisbar.

Am 14. VIII. 1900 Keime im Blut. Deutliche Verschlimmerung des Allgemeinzustandes.

16. VIII. Seit heute Nacht deliriert Patientin fortwährend (Verfolgungen).

17. VIII. Patientin sieht moribund aus. Temperaturabfall. Puls unter Kampferwirkung, aber doch um 140.

In dem um 10 h. a. m. entnommenen Blut sind, obwohl bloß die Hälfte der gewöhnlichen Menge ausgesät wurde, so massenhaft Staphylokokken vorhanden, daß ein Zählen der Kolonien unmöglich ist (Agonale Keimzunahme!). Weitere Blutentnahmen wurden nicht mehr vorgenommen.

18. VIII. Patientin ist den ganzen Tag über komatös, Pupillen reagieren nicht mehr. 7 h. 15 p. m. Aussetzen von Atmung und Puls; setzen dann aber wieder ein, bis 9 h. 35 p. m. endlich der Tod eintritt.

A u t o p s i e am 19. VIII. 1910. Sekant: Herr T i l p.

A u s z u g a u s d e m S e k t i o n s p r o t o k o l l: «Die l i n k e L u n g e an umschriebenen Stellen des Ober- und Unterlappens adhärent; die r e c h t e vorwiegend an der Basis angewachsen. In beiden Lungen zerstreut zahlreiche, vorwiegend subpleural gelegene Abscesse bis haselnußgroß. Im Herzbeutel 50 ccm klares Serum; das Herz ungemein blaß. Klappen und Intima Aortae zart.

In einzelnen Ästen der Art. pulmonalis in beiden Unterlappen ältere embolische Pfröpfe.

In der freien Bauchhöhle, im kleinen Becken angesammelt, seröse Flüssigkeit mit einigen trüben Flocken durchsetzt, etwa 100 ccm. Das Peritoneum überall glatt, glänzend. Der Uterus retroflektiert, vergrößert, weich. Tuben und Ovarien normal.

Die Milz überragt den linken Rippenbogen um 3 Querfinger. Sie mißt 22:13:6. Am Margo crenatus finden sich ebenso wie an der convexen Fläche keilförmige, blaßrötlich gelbe, eiterig infiltrierte anämische Infarkte, in deren Bereich man zum Teil miliare Abceßchen erkennen kann; entsprechend den Infarkten findet man embolische Verstopfung der betreffenden Milzarterien.

Die Nieren ebenfalls von bis haselnußgroßen Abscessen durchsetzt, ihr Parenchym geschwollen, rot gefleckt.

Die Scheide mittelweit, ohne Verletzungen. Der Uterus marcid, 9:8:4 ccm messend, seine Wand durchschnittlich 2 ccm dick; die Höhle leer. Das Endometrium sowie die inneren Schichten der Muskulatur durchsetzt mit gelblich-eiteriger Infiltration, die vorwiegend der Placentarstelle an der vorderen Wand des Corpus entspricht. In der Cervix tiefergreifende eiterige Infiltration in Form miliarer, gelblicher Herde, die bis 1 cm tief in die Muskulatur hinein zu verfolgen sind. Im R. Parametrium Oedem und eiterige Infiltration im Zellgewebe sowie Thromben in mehreren Venen mittleren Kalibers. Tuben und Ovarien frei von Eiterung. Die Lymphgefäße und Venen des Uterus selbst ebenfalls frei, bis auf die gelblichen Herde in der Cervix, die infiltrierten Venen zu entsprechen scheinen.

Pathologisch-anatomische Diagnose: «Endometritis et metritis et parametritis supp. post abortum ante dies XXVII. Abscessus metastatici pulmonum, lienis et renum. Pyohaemia.»

3. Coli-Typhusgruppe:

B. coli zeigt üppiges Wachstum auf Blutagar unter charakteristischer Gestankbildung. Weinblattförmig-flache, aber auch glattrandig erhabene Kolonien, Nährboden darunter meist schwarzgrün oder auch intensiv hämolysiert. Die hämolytischen Stämme haben sich klinisch nicht als virulenter erwiesen; überhaupt lassen sich, wie ich früher mit Blumenthal[104]) nachweisen konnte, zwischen den aus normalem Darminhalt und aus pathologischen Prozessen gezüchteten Colibakterien weder morphologisch noch biologisch typische Unterschiede feststellen. Be-

---

[104]) cf. Blumenthal und Hamm, Bakteriologisches und Klinisches über Coli- und Paracoliinfektionen. Mitteil. a. d. Grenzgebieten der Medizin und Chirurgie, Bd. 18, 1908, p. 642.

sitzt im allgemeinen geringe Penetrationsfähigkeit, wird im Blut meist sehr schnell abgetötet[105]). Für die Züchtung von B. coli aus Blut empfiehlt sich der Zusatz von 1 % glykokollsaurem Natron zum Nährboden oder die Anreicherung in steriler Rindergalle, wie sie seit Kayser-Conradi[106]) zur Züchtung der Typhusbazillen aus dem Blut verwandt wird.

Allgemeininfektionen gehen fast immer von Herden[106 a]) aus, die als «abgestorbenes Gewebe» (Abort- und Placentarreste oder Gefäß-Thromben) oder als «gestaute Körperflüssigkeiten» (retinierte Galle, Harn, infiziertes Fruchtwasser) den Colibakterien das «Ausschwärmen» in den Kreislauf ermöglichen. Die häufige Anwesenheit von Colibakterien im Scheidensekret ergibt sich schon aus der Nähe des Anus. Fast immer in Reinkultur in der Scheide bei bestehender Coli-Bakteriurie; dies war auch der Infektionsmodus bei den meisten Fällen, in denen bei typhöser Allgemeinerkrankung im Lochialsekret Thyphusbazillen nachgewiesen werden konnten[107]). Ebenso fasse ich den von mir beschriebenen Fall von tötlicher Peritonitis mit Sepsis auf, der durch den in diese Gruppe gehörigen B. faecalis alcaligenes hervorgerufen wurde[108]). Mein Stamm ließ das Blutagar völlig unverändert, was von vornherein darauf hinwies, daß es sich nicht um ein gewöhnliches B. coli handeln konnte; zur genauen Differenzierung sind natürlich die neuen zur Typhusdiagnostik gebräuchlichen Nährböden unerläßlich.

Mein Fall von Infektion durch B. faecalis alcaligenes beweist, daß Stäbchen aus der Coli-Typhusgruppe auch einmal direkt zur puerperalen Peritonitis führen können. Gewöhnlich verlaufen die Fälle von Allgemeininfektion durch B. coli[109]) unter dem Bilde der Pyämie. Dabei ist aber die

---

[105]) Jacob, Über Allgemeininfektion durch B. coli commune. D. Arch. f. klin. Med., Bd. 97, 1909, p. 346.

[106]) Kayser-Conradi, M. m. W., 1906, Nr. 17 u. 40.

[106a]) Auf diese Wichtigkeit der «lokalen Disposition» hat jüngst auch Brian aufmerksam gemacht. D. Arch. f. klin. Medizin, Bd. 106, 1912, p. 394.

[107]) Lit. s. bei Koch, Z. f. G., Bd. 69, 1911, p. 636, sowie den Fall von Reibmayr. A. f. G., Bd. 92, 1911, p. 758.

[108]) Hamm, Ist der Bacillus faecalis alcaligenes für den Menschen pathogen? M. m. W., 1910, p. 239.

[109]) cf. unseren typischen Fall von Colipyämie nach Pubitomie. (Blumenthal und Hamm, 1. c., p. 659.)

Neigung zur Metastasenbildung bei B. c o l i nach J a c o b geringer, als bei den anderen pyogenen Keimen (bei Staphylokokken 92,7 %, Streptokokken 35 %, Pneumokokken 25 %, Coli 22,5 %). Vielleicht ist deshalb auch die Mortalität bei Fällen mit positivem Blutbefund für B. coli am günstigsten (Staphylokokken 88,2 % Mortalität, Streptokokken ca. 83 %, Pneumokokken 51,7 %, Coli 40,5 %).

Damit soll natürlich nicht gesagt sein, daß nicht ausnahmsweise auch einmal schwerste akute Sepsis durch B. coli ausgelöst werden kann. So sehe ich z. B. nicht ein, warum S a c h s [110]) seinen interessanten Fall von «hämorrhagischer Sepsis» nicht als Coliinfektion gedeutet wissen will?

Vergegenwärtigt man sich, daß seine Patientin, die an heftiger Cystitis litt, wegen Gravidität im 2.—3. Monat einen Abtreibungsversuch vorgenommen hatte, der zu einer so schweren Allgemeininfektion führte, daß nach 36 Stunden bereits der Tod eintrat, erinnert man sich ferner daran, daß das allerdings in geringer Quantität entnommene Blut bei der Lebenden steril befunden worden war, während im Leichenblut sowie im Eiter der beginnenden Meningitis Reinkultur von B. c o l i nachweisbar war, so glaube ich den Tatsachen weniger Gewalt anzutun, wenn ich diesen Fall als Colisepsis deute, hervorgerufen durch a r t i f i z i e l l e endogene Infektion mit den infolge der bestehenden Cystitis in ihrer Virulenz gesteigerten Harnbakterien, als wenn wir mit S a c h s uns dahin äußern, daß uns der Befund von Coli im Meningitiseiter und im Blut «nicht etwa zu der Annahme einer Colisepsis verführen» (p. 142), daß uns andererseits aber «der mangelnde Nachweis von Bakterien nicht an der Diagnose S e p s i s irre machen darf» (p. 143). Mit Recht fragte da jeder mit S a c h s «woher kam aber die Sepsis?» Ich erwähne diesen Fall absichtlich etwas ausführlicher, um zu zeigen, wie leicht man sich auf Grund falscher theoretischer Anschauungen verleiten läßt, seltene Vorkommnisse in der Natur zu übersehen oder verkehrt zu deuten. Hätte S a c h s im Meningitiseiter bei seiner Sepsis hämolytische Streptokokken gefunden, so wäre ihm sicher der Fall plötzlich ganz klar geworden!

---

[110]) S a c h s, Z. f. G. G., Bd. 63, 1908, p. 139, und M. f. G. G., Bd. 29, 1909, p. 696.

Wenn S a c h s [111]) neuerdings behauptet, daß Fälle von «Sepsis acutissima» im Anschluß an eine Abortausräumung «bisher bei andersartigen Infektionen als durch h ä m o l y - t i s c h e S t r e p t o k o k k e n nicht beschrieben» seien, so möchte ich ihm gerade diesen von ihm selbst mitgeteilten Fall entgegenhalten.

Die Behauptung von B a i s c h [112]), die Coliinfektion des Harns sei immer eine Sekundärinfektion, habe ich schon früher zurückgewiesen [113]).

In Gemeinschaft mit A d r i a n [114]) fand i c h Colibakterien in 4 Fällen von P n e u m a t u r i e als Erreger der Gasbildung; jüngst konnte ich dasselbe Symptom bei einem Falle von töt- licher Colipyämie beobachten.

Als Erreger «putrider Endometritis» konnten S a c k e n - r e i t e r [115]) und i c h Colibakterien in 34 % der Fälle nach- weisen.

Alles zusammen genommen, kommen wir daher zu dem- selben Schlußsatz, den E. L e v y [116]) schon vor 20 Jahren auf- stellte (p. 151): «Das B. c o l i steht, was die Mannigfaltigkeit der Prozesse anbetrifft, in welchen es gefunden wurde, in nichts den pyogenen Kokken nach, und es ist kein Grund vorhanden, es mit diesen nicht auf dieselbe Stufe zu stellen».

4. **Gonococcus.** Zarte, graue, auf Ascites bläulich schim- mernde Kolonien mit gezähneltem Rand; keine Veränderung des Blutagars; meist breiter und flacher als die Streptokokken. Im Gegensatz zu dem in der Scheide nicht seltenen, ebenfalls semmelförmigen aber grampositiven «D i p l o c o c c u s s e m i l u n a r i s K l e b s» ausgesprochen gramnegativ! Bei chronischer Gonorrhoe im Scheidensekret häufig selbst kultu- rell nicht mehr oder bloß bei wiederholter, reichlicher Unter- suchung vereinzelt nachweisbar! Im Wochenbett findet aller-

---

[111]) S a c h s, Vorschläge für weitere Forschungen über den fieberhaften Abort. C. f. Gyn., 1912, Nr. 7, p. 197.

[112]) B a i s c h, Hegars Beiträge, Bd. 8, p. 297.

[113]) B l u m e n t h a l und H a m m, l. c. p. 670.

[114]) A d r i a n und H a m m, Beitrag zur Kenntnis der Pneumaturie, Mitt. a. d. Grenzgeb. d. Med. u. Chir., Bd. 17, 1907, p. 10.

[115]) S a c k e n r e i t e r, Hegars Beiträge f. G. u. G., Bd. 17, 1912.

[116]) E. L e v y, Arch. f. exp. Path. u. Pharm., Bd. 29, 1892, p. 136.

dings meist wieder eine «Anreicherung» statt. Kommt der Gonococcus im Wochenbett wieder auf, so verdrängt er schnell alle anderen Keime. Neben gonorrhoischer Endometritis und Salpingitis sind Fälle von schwerer Allgemeininfektion beobachtet (Pyämie, Peritonitis) [117]; ich [118]) konnte eine Gono-kokken-Septicopyämie beim Neugeborenen beobachten. Eine Zusammenstellung schwerer puerperaler Allgemeininfektionen durch Gonokokken hat Runge [118 a]) gegeben.

5. **B. proteus.** Breite, saftige Kolonien mit strahligen Ausläufern und dunkel- bis hellgrünem, später fast völlig hämolysiertem, breitem Hof. Widerliche Gestankbildung, Geruch süßlicher als bei B. coli. Von uns in 4 % als Erreger der Putrescenz im Lochialfluß nachgewiesen. Fälle von Allgemeininfektion haben Lenhartz [119]), Charrin, Ware [120]) u. a. beschrieben.

Zur Proteusgruppe gehört der durch Bildung von blaugrünem Farbstoff auf sämtlichen Nährmedien sich auszeichnende, im Lochialsekret allerdings sehr seltene B. pyocyaneus [121]) sowie der durch seinen charakteristischen Jasmingeruch ausgezeichnete B. jasmino-cyaneus (Gaethgens [122]), den ich ebenfalls im Scheidensekret einmal nachweisen konnte.

6. **Micrococcus tetragenus albus.** Porzellanartig glänzende, undurchsichtige, grauweiße Kolonien mit schmalem hämolytischem Hof. Stark grampositiv, paarweise oder in Tetraden

[117]) cf. Fromme, Physiol. u. Pathol. des Wochenb., 1910, p. 198.

[118]) Hamm, Ein Fall von Gonohämie beim Neugeborenen. Hegars Beiträge, Bd. XIII, 1909, p. 270.

[118 a]) E. Runge, Über Puerperalfieber, Sammelreferat, M. f. G. G., Bd. 29, 1909, p. 602.

[119]) Lenhartz, Die «Sept. Erkrankungen» in Nothnagels Handbuch, Bd. III, 2, 1903.

[120]) Ware, The roll of the bacillus proteus in surgery, Ann. of surgery, jul. 1902 (dort auch Fall Charrins von sept. Pleuritis nach Abort erwähnt!).

[121]) Über Allgemeininfektionen durch B. pyocyaneus s. Fränkel, Virchows Arch., Bd. 183, 1894, p. 405; Rolly, M. m. W., 1906, Nr. 29; Sudeck, M. m. W., 1909, p. 1848.

[122]) Gaethgens, C. f. B. I, Orig. Bd. 38, 1905, p. 129.

angeordnet. Im menschlichen Gewebe meist von breiter Schleimhülle umgeben, aus Kulturen Kapsel nur selten noch nachweisbar. L o o t e n und O u i [123]) konnten bei einem schweren Kindbettfieber M. t e t r a g e n u s im Blut nachweisen, S c h o t t m ü l l e r [124]) in der Cervix bei Endometritis und Salpingitis puerperalis. H ü s s y [125]) beschrieb jüngst einen Fall von Tetragenussepsis im Puerperium, ausgehend von einem Rückenfurunkel. M e l t z e r [126]) fand zweimal im Blut bei puerperaler Sepsis M. tetragenus in Mischinfektion.

7. B. pneumoniae Friedländer. Porzellanartig glänzende, prominente, schleimige Kolonien, die das Blutagar verdunkeln. Mikroskopisch deutliche Kapsel! Im Lochialsekret sehr selten, doch haben C h i r r i é, H o w a r d [127]), F r o m m e [128]) und H e y n e m a n n [129]) je einen Fall von puerperaler «Bakteriämie» durch Pneumobazillen beobachtet. Beim Befunde aerober kapseltragender Bazillen darf man nicht vergessen, daß auch der hierher gehörige B a c i l l u s l a c t i s a e r o g e n e s (E s c h e r i c h), ein häufiger Bewohner des Dünndarms, im Organismus schöne Kapseln bildet; also genaue biologische Differentialdiagnose stellen (M i l c h)! S c h e i b [130]) und B e i t z k e [131]) beobachteten den B a c. l a c t i s a e r o g e n e s als Meningitiserreger im Säuglingsalter, v. D u n g e r n [132]) hat hämorrhagische Sepsis beim Neugeborenen, ausgehend von einer Infektion des Nabels mit Kapselbazillen beschrieben.

8. Corynebakterien: B. diphtheriae, Pseudodiphtheriebazillen, Xerosebazillen. Knöpfchenartige, weiße Kolonien mit glattem Rand, braungelbe bis schwarzgrüne Färbung des Blutagars.

---

[123]) L o o t e n et O u i, Annales de Gynécol. et d'Obstrétr., 2⁰ série, t. 2, 1909, p. 134.

[124]) S c h o t t m ü l l e r, M. m. W., 1911, p. 787.

[125]) H ü s s y, C. f. G., 1912, p. 360.

[126]) M e l t z e r, M. m. W., 1910, p. 743.

[127]) S. Frommels Jahresber., 1906, p. 892.

[128]) F r o m m e, Phys. u. Path. d. Wochenb., 1910, p. 89.

[129]) H e y n e m a n n, A. f. G., Bd. 86, 1908, p. 76.

[130]) S c h e i b, Prag. med. Wochenschr., 1900, Nr. 15.

[131]) B e i t z k e, C. f. B. I, Orig. Bd. 37, 1904.

[132]) v. D u n g e r n, C. f. B. I, Orig. Bd. 14, 1893, p. 541.

Die Beobachtung von M a n d e l b a u m und H e i n e -
m a n n[133]), daß beim Wachstum auf mit dünner Blutschicht
bestrichenem Glycerinagar, die echten Diphtheriebazillen sich
von den in diese Gruppe gehörigen «Pseudodiphtheriebazillen»
sowie den «Xerosebazillen» durch die an dem braungelben,
leicht hämolytischen Hofe schnell erkennbare stärkere Säurebildung auf Anhieb differenzieren lassen, darf nicht auf das
Wachstum dieser Gruppe auf der S c h o t t m ü l l e r schen
Blutagarplatte übertragen werden. Wie S a c k e n r e i t e r[134])
bereits ausführlich mitgeteilt hat, zeigen die «Corynebakterien»
auf der Blutagarplatte so verschiedenes Wachstum, daß es
makroskopisch durchaus nicht immer gelingt, die Zugehörig-
keit einer Kolonie zu dieser Gruppe zu erkennen. Am leichtesten als solche erkenntlich dürften diejenigen Stämme der
Pseudodiphtheriebazillen sein, deren Kolonien durch Reduktion
des Oxyhaemoglobins zu Haemoglobin nach 24—36 Stunden
sich mit rotem Farbstoff beladen haben; jedoch tun dies durchaus nicht alle Stämme dieser Art.

Die X e r o s e b a z i l l e n zeichnen sich aus durch ihr
langsameres Wachstum, ihre kleineren Kolonien mit matter,
gefälteter Oberfläche, die der Kolonie ein ausgetrocknetes Aussehen verleiht.

Bei der häufigen Anwesenheit von «Pseudodiphtheriebazillen» im Vaginalsekret einerseits und der Wichtigkeit möglichst sofortiger spezifischer Therapie beim Vorliegen von
«Scheidendiphtherie» andererseits, wäre die Möglichkeit, rasch
und sicher die bakteriologische Diagnose zu stellen von großem
Werte. Diese Möglichkeit schien durch die « N e i s s e r s c h e
R e a k t i o n » gegeben, doch muß ich gestehen, daß ich mehrmals damit eine Fehldiagnose gestellt habe. Nachdem ich
2 Jahre lang am hiesigen hygienischen Institut unter Anleitung
der Herren Prof. Dr. J. F o r s t e r und Prof. Dr. E. L e v y[135]),

[133]) M a n d e l b a u m und H e i n e m a n n, Beitrag zur Differenzierung
von Diphtherie- und Pseudodiphtheriebazillen. Centr. f. Bakt. I, Orig. Bd. 53.
1910, p. 356.

[134]) S a c k e n r e i t e r, Die Erreger der putriden Endometritis. Hegars
Beiträge, Bd. 17, 1912, p. 30 des S.-A.

[135]) cf. L e w a n d o w s k y, Die Pseudodiphtheriebazillen und ihre Be-
ziehungen zu den Diphtheriebazillen. C. f. Bakt., Bd. 36 I Orig., 1904, p. 337,
bes. p. 341.

die sich beide um die Diphtheriediagnose verdient gemacht
haben, die laufenden Untersuchungen des eingegangenen diphtherieverdächtigen Materials ausgeführt hatte, glaubte ich
Übung genug zu besitzen, um auch beim Scheidensekret schon
aus dem direkten Präparate oder wenigstens durch die Züchtung auf L ö f f l e r schem Serum mittels der N e i ß e r schen
Färbung der «B a b e s - E r n s t s c h e n K ö r p e r» eine
sichere Diagnose abgeben zu können. Dabei passierte mir aber
wiederholt eine Täuschung, besonders bei einem Fall, wo bei
einem klinisch diphtherieverdächtigen Ulcus puerperale in der
Scheide aerob eine Reinkultur von Stäbchen aus der Diphtherie-
bazillengruppe · aufging, während der Fall sich als ausge-
sprochene Metrophlebitis mit typisch pyämischer Kurve entwickelte (wahrscheinlich Infektion durch Anaerobier!) Ich
isolierte daher systematisch die Stämme, die ich in Reinkultur
in der Scheide vorfand und die mir eine deutliche N e i s s e r -
sche Reaktion zu geben schienen und nahm damit neben «Säure-
bestimmungen» nach M. N e i s s e r [136]) Tierimpfungen vor.

So konnte ich mich davon überzeugen, daß die von mir
isolierten Stämme, bei denen ich auf Grund der N e i s s e r -
schen Färbung echte Diphtheriebazillen vor mir zu haben
glaubte, bei der Titration ihrer Bouillonkulturen mit 1 pro-
zentiger Natronlauge und Phenolphthalein hinter der von
N e i s s e r für die echten Diphtheriebazillen als charakteristisch
angegebenen Säurebildung meistens zurückblieben, und daß sie
sich im Tierversuch nicht als «toxisch» erwiesen. Von den 22
mit 5 ccm Bouillonkultur subkutan geimpften Meerschweinchen sind zwar 5 innerhalb 4—6 Wochen unter zunehmender
Abmagerung an Marasmus eingegangen (bei der Autopsie
waren Bakterien nie mehr nachweisbar, als einziger makroskopisch erkennbarer pathol.-anatomischer Befund zeigte sich
in 4 Fällen eine deutlich hämorrhagische Beschaffenheit der
Nebennieren!), aber von der für die echten Diphtheriebazillen
charakteristischen Giftwirkung (Verenden der Tiere innerhalb
2, spätestens 4 Tagen!) war nicht die Rede: und doch hatte ich
die Polkörner mittels der N e i s s e r schen Färbung teils schon
direkt, teils bei den innerhalb 10—20 Stunden nach der Aussaat

---

[136]) M. N e i s s e r, Zur Differentialdiagnose des Diphtheriebazillus. Zeit-
schrift f. Hyg. u. Inf., Bd. 24, 1897, p. 443.

auf L ö f f l e r schem Serum entnommenen Kulturen nachgewiesen. (Bekanntlich müssen nach M. N e i s s e r (p. 449) die Kulturen mindestens 9 Stunden, womöglich nicht älter als 20—24 Stunden sein!) Ich glaubte dabei ausdrücklich auf die mir ebenfalls bekannte Vorschrift geachtet zu haben, «daß man den Bazillus in seiner ganzen Länge und Form deutlich sieht und darin deutlich die typischen blauen Körnchen» (p. 449).

Ich erlaubte mir daher, von meiner Beobachtung Herrn Prof. M. N e i s s e r Mitteilung zu machen, der sich nun in liebenswürdigster Weise der Mühe unterzog, selbst einige meiner Stämme zu untersuchen und mir folgendes zu berichten:

Frankfurt, den 3. Januar 1910.

«. . . . . Ihre Kulturen . . . . . sind typisch diphtheroide Kulturen und zwar vom Typus der Pseudodiphtheriebazillen. Freilich geben sie gelegentlich schwache Körnchenfärbung, aber das ist in fortgezüchteten Kulturen nichts so seltenes. Charakteristisch ist, wie ich immer wieder betonen muß, die Färbung nur, wenn «t y p i s c h g e f o r m t e (oval, etwas größerer Durchmesser als der Bacillus) und t y p i s c h g e - f ä r b t e Körnchen (tief dunkel) in t y p i s c h g e f o r m t e n (schmal, lang, leicht gekrümmt) Stäbchen vorhanden sind. Dies aber sind kurze kleine Bazillen, unter denen nur ganz selten ein altes ausgewachsenes Individuum größer und körnchenhaltig erscheint. Mit Diphtherie haben sie meines Erachtens nicht das mindeste zu tun. Ich werde sie aber weiter auf Säurebildung untersuchen lassen usw.»

Dann am 24. Januar 1910:

«Die weitere Untersuchung Ihrer Kultur hat ergeben, daß sie fast keine Säure bildet und gar keine Pathogenität für Meerschweinchen hat. Diese Kulturen haben also meines Erachtens mit Diphtherie nichts zu tun.
O b s i e d i a g n o s t i s c h e S c h w i e r i g k e i t e n b e r e i t e n, h ä n g t, glaube ich, s e h r v o n d e r E r f a h r u n g d e s U n t e r - s u c h e r s a b.» (Im Original nicht gesperrt!)

Diese Mitteilung war mir so interessant und wichtig, daß ich auf ihre Wiedergabe hier nicht verzichten zu dürfen glaubte; denn ich ziehe daraus die Schlußfolgerung, daß wir Gynäkologen, die wir nicht täglich die Möglichkeit haben, uns in der Stellung der Diphtheriediagnose zu üben, sicherer gehen, wenn wir uns nicht anheischig machen, auf Grund unserer Erfahrung mit der N e i s s e r schen Reaktion eine positive Diagnose zu stellen, sondern bloß den Tierversuch ausschlaggebend sein lassen. Ich möchte den in der Literatur vorliegenden Mitteilungen über Scheidendiphtherie [137]) nur dann volles Vertrauen schenken, wenn nicht bloß auf Grund der N e i s s e r schen Färbung, sondern auch mittels Tierexperiment nachgewiesen wurde, daß es sich tatsächlich bakteriologisch um echte Toxinbildner aus der Diphtheriegruppe handelte [138]).

Wenn auch N e i s s e r [139]) hervorhebt, daß der n e g a t i v e Ausfall des Tierversuchs bisher keinen Schluß auf die «Menschenvirulenz» der Kultur zulasse, so möchte ich doch erwähnen, daß Herr Prof. F o r s t e r, als ich die ganze Frage mit ihm besprach, mir ausdrücklich versicherte, daß nach seinen Erfahrungen bei den aus frischen diphtherischen Krankheitsprozessen gezüchteten Diphtheriebazillen, sobald es sich klinisch wirklich um Diphtherie handelte, auch immer im Meerschweinchenversuch eine schwer toxische Wirkung festzustellen war.

Daß ich mit meiner mangelhaften Erfahrung in der Beurteilung der N e i s s e r schen R e a k t i o n nicht allein stehe, beweist mir außer den Mitteilungen von P e t r u s c h k y [140]) und L e s i e u r [141]) die Angabe von W e g e l i u s [142]), daß mehr als die Hälfte der von ihm aus der Scheide isolierten Stämme von Pseudodiphtheriebazillen bei der Doppelfärbung nach N e i s s e r positive Resultate ergeben haben!

Ich glaube daher die mir gewordene Mahnung zur Vorsicht bei der Beurteilung der N e i s s e r schen Färbung auch anderen anraten zu müssen und das Tierexperiment als sicherstes Kriterium für unsere klinischen Zwecke empfehlen zu dürfen.

---

[137]) Für den ersten der beiden von H. F r e u n d (Über Diphtheritis vaginae und Osteomyelitis im Wochenbett, Verh. d. Ges. Deutscher Naturf. u. Ärzte in Meran, 1905, Bd. I, 2, p. 179) mitgeteilten Fälle von Scheidendiphtherie habe ich selbst damals die Tierversuche ausgeführt; sie bestätigten durch ihr charakteristisches Ergebnis die klinische und mikroskopische Diagnose.

[138]) Weitere Fälle s. R u n g e. M. f. G. G., Bd. 29, 1909, p. 602.

[139]) N e i s s e r, Z. f. Hyg. u. Inf., Bd. 24, 1897, p. 457.

[140]) F r e y m u t h und P e t r u s c h k y, Ein Fall von Vulvitis gangraenosa mit Diphtheriebazillenbefund. D. m. W., 1898, p. 232.

[141]) L e s i e u r, Les bacilles dits «pseudodiphthériques». Thèse de Lyon, 1901.

[142]) W e g e l i u s, A. f. G., Bd. 88, 1909, p. 275.

Jedenfalls bin ich seit der Beobachtung dieses Grundsatzes vor Fehldiagnosen bewahrt geblieben.

Die Frage, ob die bei Conjunctivitis des Neugeborenen im Bindehautsack bei aerober Züchtung nicht so selten in Reinkultur angetroffenen Xerosebazillen (ich habe 3 solche Fälle beobachtet!) tatsächlich als die Erreger der Conjunctivitis oder bloß als zufälliger Befund angesehen werden müssen, möchte ich noch offen lassen, besonders bis neben den aeroben auch ausgiebige anaerobe Kulturanlagen ausgeführt sind; denn es erscheint mir bei dem ausgesprochenen Reduktionsvermögen des Xerosebacillus doch nicht ausgeschlossen, daß auch hier in den Buchten der Conjunctiva, besonders aber im Tränensack anaerobe Keime ihre pathogene Wirkung entfalten können, worauf ich [143]) gelegentlich einer Mitteilung von B a r t e l s bereits hingewiesen habe.

9. Seltene aerobe Parasiten der Vagina: Es ist von vornherein anzunehmen, daß die bei den übrigen Wundinfektionen gefundenen pathogenen Keime alle gelegentlich auch einmal auf puerperalen Wunden angetroffen werden können. So liegen ältere Angaben vor über den Befund von M i l z b r a n d - b a z i l l e n; v a n d e V e l d e [144]) fand den «M i c r o c o c c u s e n d o c a r d i t i d i s r u g a t u s W e i c h s e l b a u m» einmal im Blute bei Kindbettfieber und zweimal im Ausfluß bei eiteriger Endometritis. Ich konnte einmal aus der Scheide fast in Reinkultur den M i c r o c o c c u s c a t a r r h a l i s [145]) isolieren (Differentialdiagnose gegen Gonokokken!); D o l é r i s [146]) erwähnt das Vorkommen des K o c h - W e e k s schen B. conjunctivitidis im Lochialsekret. Ich führe diese Befunde bloß der Vollständigkeit halber an, in der Überzeugung, daß diese Keime auch einmal, wenn auch nur in höchst seltenen Ausnahmen, Kindbettfieber hervorrufen können.

Noch vielgestaltiger, aber auch vielumstrittener zeigt sich uns die Flora der zu den a n a e r o b e n B a k t e r i e n gehörigen puerperalen Infektionserreger.

---

[143]) H a m m, Diskussionsbemerkung in Straßb. mediz. Zeituhg. Bd. 9, 1912, p. 15.

[144]) v a n d e V e l d e, Wiener klin. Wochenschr., 1909, Nr. 18.

[145]) cf. G h o n und H. P f e i f e r, Z. f. klin. Med., Bd. 44, 1902, p. 262.

[146]) D o l é r i s, XIIIe Congrès international de médecine à Paris; 1900, p. 11.

Anaerobe bezw. fakultativ aerobe Infektionserreger.

Es ist eine alte, aber immer wieder mit neuer Bitterkeit in die Erscheinung tretende Tatsache, daß die bakteriologischen Anschauungen einzelner Forscher hauptsächlich deshalb so divergieren, weil diese zunächst mit verschiedenen Methoden arbeiten [1]), daß dann aber die a l l g e m e i n e Anwendung der b e s t e n Methodik schließlich doch gewöhnlich zur sachlichen Einigung führt!

So wird es wohl auch mit der Anerkennung der Bedeutung anaerober Infektionserreger für die Geburtshilfe gehen. Zwar hatten bereits K r ö n i g und M e n g e, N a t v i g, W e g e - l i u s und besonders einige französische Autoren, V e i l l o n, H a l l é, R i s t, J e a n n i n, mit ihren Methoden im letzten Dezennium des vorigen Jahrhunderts höchst beachtenswerte Resultate zutage gefördert [2]), aber die Methoden waren im großen und ganzen doch zu subtil und mühsam, um in der Hand desjenigen, der sich nicht jahrelang mit derselben Materie beschäftigen konnte, brauchbare Ergebnisse zu liefern. Sie gerieten wieder in Vergessenheit, und so mußte es kommen, daß selbst ein so hervorragender Bakteriologe wie Z a n g e - m e i s t e r [3]) noch 1910 schreiben konnte: «Die Bedeutung der anaeroben Organismen für die Pathologie des Puerperiums ist früher erheblich überschätzt worden. Ich habe im Laufe vieler Jahre nur einzelne Fälle beobachtet, in welchen streng anaerobe Keime als die Erreger einer klinisch schweren Infektion angesprochen werden mußten, obwohl ich lange Zeit systematisch anaerob züchtete.»

---

[1]) In demselben Sinne spricht sich schon N a t v i g aus (A. f. Gyn., Bd. 76, 1905, p. 732): «Bisher haben nur K r ö n i g und M e n g e anaerobe Streptokokken eingehender besprochen. Einzelne andere Autoren erwähnen dieselben im Vorbeigehen, während wieder andere ihrem Zweifel an der Existenz derselben Ausdruck geben, weil sie selbst nie auf sie gestoßen sind! — Die Ursache hierzu ist sicher die, daß bisher verhältnismäßig wenig mit den verbesserten anaeroben Kulturmethoden, besonders der V e i l l o n schen, die die Isolierung der anaeroben Bakterien in hohem Grade erleichtert, gearbeitet worden ist.»

[2]) Genaue historische Übersicht s. bei B o n d y, M. f. G. G., Bd. 34, 1912, pp. 536—540.

[3]) Z a n g e m e i s t e r, Bakteriologische Untersuchung etc. Berlin, 1910, p. 14.

Fromme erwähnt in seiner im gleichen Jahre erschienenen «Pathologie des Wochenbetts» als einzigen für das Puerperalfieber «in einer verschwindend kleinen Anzahl von Fällen» (p. 89) in Betracht kommenden Anaerobier den « Bac. aerogenes capsulatus ». Bumm endlich bezeichnet noch in der letzten, 1911 erschienenen Auflage seines «Grundrisses» (p. 671) die Anaeroben durchweg als Saprophyten, die nur auf totem Nährboden gedeihen und durch ihren Stoffwechsel eine jauchige Zersetzung dieses Nährbodens bewirken.

Unsere bakteriologische Forschung hatte sich in den letzten Jahren infolge der einseitigen Verfolgung der Streptokokken-Infektionen und, damit Hand in Hand gehend, des «Virulenzproblems» derartig verrannt, daß es tatsächlich als erlösende Tat Schottmüllers bezeichnet werden muß, durch den Hinweis auf die große Bedeutung des «Strept. putridus» die Aufmerksamkeit auch der deutschen Gynäkologen wieder auf die Anaerobenforschung hingelenkt zu haben! — Und da kam dieser Strömung in hervorragender Weise zustatten, daß kurz zuvor Lentz[4]) durch die Einführung des Plastilins die anaerobe Technik derartig vereinfacht hatte, daß wir heutzutage in jedem klinischen Laboratorium die Vornahme anaerober Züchtung auch bei den laufenden Untersuchungen verlangen dürfen.

Die am hiesigen Institut für Hygiene und Bakteriologie durch Herrn Dr. Zingle modifizierte Technik scheint mir alle anderen an Einfachheit und Zuverlässigkeit zu übertreffen. Zingle züchtet mit denselben Platten und Gläsern wie zur aeroben Kultur, bloß setzt er dem Nährboden 2 % Traubenzucker zu und stellt die Kulturen in Gläser, die durch Plastilin abgedichtet und nach der Buchnerschen Methode sauerstoffrei gemacht sind.

Ich glaube, daß diese Methode selbst dem eleganten Verfahren von Burckhardt-Socin[5]) den Rang ablaufen wird. Ich verwende zwar die Methode Burckhardts seit über ½ Jahr für all meine Blutuntersuchungen neben den anderen Methoden zu meiner großen Zufriedenheit; speziell habe ich mich davon überzeugt, daß man dabei vor Verunreinigungen

---

[4]) Lentz, Ein neues Verfahren für die Anaerobenzüchtung. C. f. B., I. Orig. Bd. 53, 1910, p. 358.

[5]) Burckhardt-Socin, C. f. Gyn., 1911, p. 1201.

ebenso geschützt ist, wie bei jedem anderen Bouillonverfahren. In einem Falle konnte ich mit der Methode B u r c k h a r d t s sogar anaerobe Streptokokken im Blut nachweisen 2 Tage bevor mich die anderen Nährböden (Zylinderagarröhre, hohe Bouillon nach Liborius) diese erkennen ließen, obwohl bei der B u r c k h a r d t schen Methode bloß 3—4 ccm, bei den anderen hingegen je 20 ccm Blut verwendet worden waren. Da ich mir nicht denken kann, daß es sich bei diesem Befund um einen Zufall handelte, werde ich daher die B u r c k h a r d t - sche Methode für Blutuntersuchungen zur Kontrolle trotz ihrer Kostspieligkeit beibehalten; im allgemeinen glaube ich jedoch, daß man mit der Z i n g l e schen Technik für alle Untersuchungen auskommen wird.

T r a u g o t t [6]) hat neuerdings die Befunde von S c h o t t - m ü l l e r und m i r dadurch in Zweifel zu ziehen gesucht, daß er uns eine Verkennung des Grundbegriffs «anaerob» unterschiebt. Eine Antwort auf diese Zumutung behält sich S c h o t t m ü l l e r [7]) vor; was mich betrifft, so möchte ich T r a u g o t t nur folgendes entgegenhalten: durch den bakteriologischen Kursus, den ich im W.-S. 1903/04 am I n s t i t u t P a s t e u r in Paris mitzunehmen Gelegenheit hatte, auf die hohe Bedeutung der Anaerobier für die menschliche Pathologie nachdrücklich hingewiesen, konnte ich mich während meiner zweijährigen Tätigkeit als Assistent am hiesigen Institut für Hygiene und Bakteriologie von dieser Tatsache durch zahlreiche Untersuchungen persönlich überzeugen. Bei meinem Eintritt in die Frauen-Klinik (1906) von Herrn Prof. F e h l i n g mit den laufenden bakteriologischen Untersuchungen betraut, untersuchte ich demgemäß die puerperalen Sekrete und Eiter nicht bloß aerob, sondern auch anaerob. Bei dem damaligen Stande der klinischen Fragestellung einerseits und der damals noch sehr zeitraubenden anaeroben Methodik andererseits, kam ich aber bald davon ab, das Lochialsekret auch anaerob zu kultivieren; bloß bei der Untersuchung des Blutes schwer fiebernder Wöchnerinnen, wo ich aerobe Keime nicht nachweisen konnte, bemühte ich mich wieder auf anaerobem Wege ein positives Resultat zu erlangen. Ich gab einige ccm Blut in

---

[6]) T r a u g o t t, Z. f. G. G., Bd. 68, 1911, p. 330.
[7]) S c h o t t m ü l l e r, M. m. W., 1911, Nr. 41, p. 2172, Anm. 1.

hohe Traubenzuckerbouillon und überschichtete mit Paraffin. liquid, ich verwandte Gelatine und Traubenzuckeragar in hoher Schicht, aber immer wieder zeigte sich, daß das Blut in den engen Reagenzgläsern sich nicht gehörig mit dem Nährboden vermengte, die Kulturen blieben mit verschwindenden Ausnahmen steril! Kein Wunder daher, daß mir die «Zylinderröhre» von S c h o t t m ü l l e r als «Ei des Kolumbus» vorkam, und daß ich sofort daran ging, die Resultate S c h o t t m ü l l e r s nachzuprüfen! Wenn ich mithin als erster die wichtigen Forschungsergebnisse S c h o t t m ü l l e r s bestätigen konnte, so liegt das keineswegs an einer «Verschiedenheit in der Häufigkeit des Vorkommens anaerober Streptokokken in Hamburg resp. Straßburg einerseits und in Frankfurt andererseits» [8]), sondern daran, daß ich gelernt habe, mit Hilfe neuer Methoden das zu finden, wonach ich seit Jahren vergeblich gesucht hatte.

Wer allerdings da, wo unsere bisherigen Krankheitsbegriffe lückenhaft sind, sich damit begnügt, «zur rechten Zeit» ein neues Wort einzustellen (cf. «syprophytäre Streptomykosen»!), dem mag ja eine derartige Erkenntnis unnütz und verkehrt erscheinen!

Hätte T r a u g o t t die Arbeiten S c h o t t m ü l l e r s genau gelesen, so wäre es ihm wohl erspart geblieben, selbst in den Fehler zu verfallen, den er uns zumutet; denn S c h o t t - m ü l l e r [9]) hat ausdrücklich darauf hingewiesen, «daß z. B. Erysipelstreptokokken in der anaeroben Schicht größere Kolonien bilden als in der aeroben. Nicht also die s c h e i n b a r andersartigen, tiefen Kolonien für anaerobe halten! Kontrolle durch aerobe Blutplatte»! — Das durfte deutlich genug sein, um «e i n e v e r s c h i e d e n e Interpretation des Begriffes «a n a e r o b»» [10]) auszuschließen. —

Wie bei den aeroben, so spielt auch bei den anaeroben Bakterien der Streptococcus entschieden die größte Rolle für die Entstehung der puerperalen Infektion.

10. **Streptococcus anaerobius:** Bei Oberflächenwachstum auf Blutagar graue, «gehäufte» Kolonien mit leicht gezähneltem Rand, bis zu Hanfkorngröße, völlig anhämolytisch! In der Tiefe

---

[8]) T r a u g o t t, l. c. p. 332.
[9]) S c h o t t m ü l l e r, M. m. W., 1911, p. 789.
[10]) T r a u g o t t, l. c. p. 330.

der Blutagarsäule leicht gelbe, wetzsteinförmige Kolonien, die häufig, jedoch nicht immer, durch Gasbildung den Blutagarzylinder sprengen. Mikroskopisch meist etwas ovale Kokken, häufig in Diploform zu kürzeren und längeren Ketten aneinandergereiht, die nicht selten Verzweigungen zeigen. Auffallend häufig stäbchenförmige Einlagerungen von ungleicher Dicke in den Ketten, aufzufassen als ungeteilte Kokken. Man hüte sich aber davor aus diesen Formen, die ja entschieden etwas Charakteristisches für die anaeroben Streptokokken an sich haben, allein die Diagnose auf «obligat anaer. Strept.» zu stellen, da ähnliche Gebilde, allerdings seltener, auch bei den fakultativ anaeroben Streptokokken vorkommen k ö n n e n[11]).

Während S c h o t t m ü l l e r[12]) hervorhebt, daß Gasbildung im gewöhnlichen Agar nicht, wohl aber im Blutagargemisch erfolge, möchte ich die Gasbildung in Blutagar nicht als feststehende Eigenschaft aller anaeroben Streptokokkenstämme ansehen; denn ich konnte einen sonst durchaus typischen Stamm aus einem Fall von tötlicher Pyämie (s. p. 86!) nach Austastung im Puerperium isolieren, der auch in hoher Traubenzuckeragarschicht (ohne Blutzusatz) Gas bildete, und andererseits habe ich 2 Stämme gezüchtet, die in der Blutagarzylinderröhre sichtbare Gasblasen nicht entwickelten. Ebenso erwähnt B o n d y[13]) einen obligat anaeroben Streptococcus, der weder Geruch von Gas erkennen ließ.

Schon N a t v i g[14]) hatte festgestellt, daß die Gasbildung beträchtlich variieren kann, indem sie selbst bei ein und demselben Stamm einmal gänzlich vermißt wird, dann wieder so stark ist, daß die ganze Agarsäule 1—2 ccm in die Höhe getrieben wird.

Auch B u r c k h a r d t[15]) konnte bei seinen Stämmen Gasbildung als Regel nicht finden; er möchte annehmen, daß diese Eigenschaft wechselt, je nach der Herkunft der Keime.

---

[11]) cf. v. L i n g e l s h e i m in Kolle-Wassermanns Handbuch, I. Aufl., Bd. III, p. 305.

[12]) S c h o t t m ü l l e r, Zur Bedeutung einiger Anaeroben etc. Mitteil. aus den Grenzgebieten d. Med. u. Chir., Bd. 21, 1910, p. 468.

[13]) B o n d y, M. f. G., Bd. 34, 1911. p. 544.

[14]) N a t v i g, A. f. G., Bd. 76, 1905. p. 728.

[15]) B u r c k h a r d t und K o l b, Z. f. G. G., Bd. 68, 1911. p. 72.

Ich spreche mich daher mit N a t v i g (p. 739) und W e -
g e l i u s (p. 332) gegen den Vorschlag von K r ö n i g und
M e n g e [16]) aus, die obligat anaeroben Streptokokken auf
Grund gewisser Kulturdifferenzen in 2 verschiedene Arten ein-
zuteilen, da diese verschiedenen Wachstumserscheinungen nur
Kulturvariationen ein und derselben Art darstellen.

Weil ferner die Schwefelwasserstoffbildung nicht allen
anaeroben Streptokokkenstämmen in nachweisbarem Grade
eigen ist und der Geruch [17]) bei ein und demselben Stamme erheblich variiert, so möchte ich andererseits auch dem Vorschlag
S c h o t t m ü l l e r s nicht folgen, die obligat anaeroben Streptokokken generell als « S t r e p t. p u t r i d u s » zu benennen,
ganz abgesehen davon, daß es, wie schon B u r c k h a r d t [18])
bemerkte, wohl richtiger wäre zu sagen «Strept. putrefaciens».

Während das Blutagar von den obligat anaeroben Streptokokken völlig unverändert gelassen wird, nimmt die Trauben-
zuckerblutbouillon nach 3—4 Tagen eine ponceaurote Nuance
an, die nach ca. 10 Tagen völlig in schwarz übergeht; diese
Veränderung des Blutfarbstoffs beruht nicht auf Hämolyse, sondern auf Säureproduktion (N a t v i g). In B u r c k h a r d tschen
Röhren bleibt die burgunderrote Farbe bestehen, so lange die
Röhrchen nicht geöffnet werden, dann geht sie allerdings auch
ins Braune über.

In der Scheide normaler Schwangerer wurden obligat
anaerobe Streptokokken zuerst von K r ö n i g und M e n g e [19])
nachgewiesen. Unabhängig von ihnen hat B u r c k h a r d t [20])

---

[16]) K r ö n i g und M e n g e, Monatsschr. für Geb. u. Gyn., Bd. 9, 1899,
p. 703.

[17]) Die Bemerkung T r a u g o t t s (Z. f. G. G., Bd. 68, 1911, p. 332) über
den Befund einer «Reinkultur» hämolytischer Streptokokken bei verjauch-
tem, submukösem Myom könnte zur Annahme führen, daß auch der hämolytische, fakultativ anaerobe Streptococcus ein Gestankbildner sei. Ich muß
hervorheben, daß ich eine derartige Feststellung bisher nie machen konnte,
daß ich aber in mehreren ähnlichen Fällen, wie dem von T r a u g o t t angeführten, bei a n a e r o b e r Z ü c h t u n g die «Reinkultur» sich regelmäßig
als «Mischkultur» entpuppen sah.

[18]) B u r c k h a r d t, A. f. G., Bd. 95, 1912, H. 3, p. 15 des S.-A.

[19]) K r ö n i g und M e n g e, Centr. f. Gyn., 1895, p. 409 und 433.

[20]) B u r c k h a r d t - S o c i n, Verhandl. der Naturforscherversammlung
in München, 1899.

diese Art als «Strept. saprogenes» beschrieben, schon vorher hatte sie Veillon[21]) als «Micrococcus foetidus» gekennzeichnet; wir fassen heute alle diese «Arten» als «Strept. anaerobius» zusammen.

Da Rosowsky[22]) obligat anaerobe Streptokokken bei 40 % von Frauen und Kindern mit normalem Scheidensekret mittels verfeinerter Technik nachweisen konnte, dürfte deren relativ häufiges Vorkommen in den Lochien fiebernder Wöchnerinnen (nach Schottmüller[23]) bei 30 %), sowie beim fieberhaften Abort (nach Schottmüller[24]) bei 29 %) durchaus verständlich erscheinen. Natvig fand sie im puerperalen Sekret bei 60 %, Wegelius sogar bei 70 % der allerdings besonders exakt untersuchten Fälle!

Goldschmidt[25]) fand sie bei nicht fiebernden Wöchnerinnen in 14 %, bei fiebernden in 14,7 %. Bei meinen Untersuchungen putrider Lochien mit Sackenreiter traf ich sie ebenfalls in 14 %.

Diese verschiedenen Zahlen werden wohl hauptsächlich in der verschiedenen Untersuchungsmethodik ihre Erklärung finden!

Schon bei der Beschreibung des fakultativ anaeroben «Streptococcus pyogenes» hatte ich auf das von Natvig experimentell nachgewiesene verschiedene Sauerstoffbedürfnis bezw. die verschiedene Sauerstofftoleranz der einzelnen Stämme dieser Art hingewiesen. Ich selbst habe ebenso wie Koblanck, Schottmüller, Traugott u. a. wiederholt die Beobachtung gemacht, daß bei der Blutaussaat in verschiedene Kulturmedien der «Strept. pyogenes» bloß auf den anaeroben Nährböden (Zylinderagarröhre, hohe Blutbouillon) anging, obwohl die Kolonien bei der nun vorgenommenen Weiterimpfung auch aerob wuchsen. Es weist also alles

---

[21]) Veillon, Arch. de méd. expérim., 1898, p. 539.

[22]) Rosowsky, Über das Vorkommen anaerober Streptokokken in der Vagina gesunder Frauen und Kinder. C. f. Gyn., 1912, Nr. 1.

[23]) Schottmüller, Zur Ätiologie der Febris puerperalis und Febris in puerperio. M. m. W., 1911, p. 557.

[24]) Schottmüller, Zur Pathogenese des septischen Aborts. M. m. W., 1910, p. 1817.

[25]) Goldschmidt, A. f. G., Bd. 93, 1911, p. 308 und 309.

darauf hin, daß p r i n z i p i e l l der Übergang von aeroben in anaerobe Streptokokken nicht als ein Ding der Unmöglichkeit hingestellt werden kann.

Ich möchte a priori durchaus nicht für völlig ausgeschlossen halten, daß dieser Nachweis einmal gelingen wird. Allerdings ist es mir bei der ausgesprochen parasitären Natur der Streptokokken in hohem Grade wahrscheinlich, daß der Anstoß zu einer derartig tiefgreifenden Mutation bloß gelegentlich der bestmöglichen Entfaltung aller Lebensäußerungen, d. h. bei deren Wachstum im Tierkörper gegeben sein wird. Wir haben zweifellos die meiste Aussicht auf die Feststellung eines derartigen Befundes, wenn wir das Wachstum der Streptokokken im menschlichen Organismus selbst auf das Genaueste verfolgen. Deshalb verdienen solche Beobachtungen, wie S c h o t t m ü l l e r[26]) sie machen konnte, unsere größte Aufmerksamkeit. Allerdings muß die Erklärung derartiger Befunde mit strengster Kritik vorgenommen werden, da gerade beim Wachstum im menschlichen Organismus, wie schon früher hervorgehoben, am schwersten alle Fehlerquellen auszuschalten sind!

11. **Staphylococcus parvulus:** Kleine, graugelbe Kolonien mit glattem Rand, nicht selten mit schmalem braunem Hof. Häufig von ganz charakteristischem Aussehen dadurch, daß sich die Kolonien pigmentartig mit Blutfarbstoff beladen und so eine dunkelbraun bis schwarz schillernde Oberfläche erhalten. Kugelrunde Kokken, vereinzelt in Diplo- oder in Haufenform zusammenliegend. Ausgesprochen g r a m n e g a t i v! Stinkende Gasbildung auf allen Nährböden. Zuerst von V e i l l o n und Z u b e r[27]) beschrieben und seine Tierpathogenität nachgewiesen. W e g e l i u s[28]) konnte ihn in 4 von 10 Fällen aus dem Uterus züchten, wir[29]) fanden ihn bei putriden Lochien in 24 %

---

[26]) M. m. W., 1911, p. 2053: «In der Cervix hämolytische Streptokokken, im Tubeneiter «Strept. putridus» und «Strept. anhaemolyt. aerobius»!

[27]) V e i l l o n und Z u b e r, Recherches sur quelques microbes strictement anaérobies et leur rôle en pathogénie. Arch. de méd. expérim., 1898, p. 539.

[28]) W e g e l i u s, A. f. G., Bd. 88, 1909, p. 339.

[29]) S a c k e n r e i t e r, Hegars Beiträge, Bd. 17, 1912, p. 27 des S.-A.

als Gestankerreger, und zwar in 6 % als alleinigen, in 18 % vergesellschaftet mit anderen Gasbildnern.

12. Staphylococcus anaerobius: Hier möchte ich die bisher ganz vereinzelt beschriebenen o b l i g a t   a n a e r o b e n, g r a m p o s i t i v e n Staphylokokken zusammenfassen.

Zunächst die von W e g e l i u s als Nr. 35 beschriebene Art: Kleine, runde Kokken von etwas wechselnder Größe, ohne Kapsel, grampositiv. Meist erst nach 48 Stunden sichtbare, gelbliche, ziemlich erhabene Kolonien, schwach foetiden Geruch verbreitend. In 5 Fällen in der Scheide, in 2 auch im Uterus angetroffen. Von mir einmal aus stinkendem Eiter eines Douglasabscesses in Reinkultur gezüchtet. B o n d y [29a]) berichtet mir persönlich über den Befund eines anaeroben grampositiven Staphylococcus aus dem Eiter einer tötlichen Peritonitis puerperalis nach Abort. S c h o t t m ü l l e r [30]) erwähnt, «das nicht seltene Vorkommen» eines obligat anaeroben haemophilen S t a p h y l o c o c c u s.

13. Micrococcus tetragenus anaerobius: Mittelgroße, stark erhabene, glattrandige, weiße Kolonien, die einen unangenehmen, käsigen Geruch verbreiten, in der Zylinderagarröhre vom 3. Tag an Gasbildung zeigen. Kolonien ziemlich kohärent, leicht fadenziehend. Keine Veränderung des Blutfarbstoffs. Größere und kleinere Diplokokken, meist zu typischen Tetraden angeordnet; Schleimhülle nur bei vorsichtiger Fixation (Osmiumdämpfe!) sichtbar. Grampositiv! Streng anaerob! Wegen der charakteristischen Tetradenformen habe ich diesen Coccus als «M i c r o c o c c u s   t e t r a g e n u s   a n a e r o b i u s» bezeichnet; er stimmt durchaus mit der von W e g e l i u s als Art Nr. 36 beschriebenen Form und ist wohl identisch mit den von K r ö n i g [31]) und B u r c k h a r d t [32]) gesehenen Stämmen; auch glaube ich, daß der «M i c r o c o c c u s   g a z o g e n e s   a l c a l e s c e n s» (L e w k o w i c z) [33]) wohl hierher gehört.

[29a]) B o n d y, Klinische und bakteriologische Beiträge zur Lehre vom Abort. Z. f. G. u. G., Bd. 79, 1912. p. 478.

[30]) S c h o t t m ü l l e r. M. m. W., 1911. p. 789.

[31]) K r ö n i g, Bakteriol., 1897. p. 304.

[32]) B u r c k h a r d t. Beitr. z. Geb. u. Gyn., Bd. 2, 1899, p. 193.

[33]) L e w k o w i c z, Flore microb. de la bouche des nourrissons. Arch. de méd. expér., 1901. Nr. 5.

W e g e l i u s fand ihn in der Hälfte seiner Fälle an der Vulva, 4 mal aszendierte er im Puerperium bis in den Uterus. Ich fand den Micrococcus tetragenus anaerobius nicht selten in der Scheide, einmal im Punktionseiter aus einem sehr hartnäckigen von beiderseitiger Salpingitis post abortum ausgehenden pelviperitonitischen Absceß in Reinkultur, und einmal ebenfalls in Reinkultur im B l u t bei einem draußen ausgeschabten, aber mit hohem Fieber eingelieferten Abort, den ich kurz anführe:

Frau G., Gyn.-J. Nr. 691, 1911.

Am 15. XII. 1911 draußen durch Poliklinik Abortausräumung unter Fieber; der Arzt hatte bereits seit 3 Tagen wegen Blutung täglich die Scheide tamponiert. Da das Fieber anhält, Transport nach der Klinik am 7. Tag. Hier im linken Parametrium deutlich verdickte Venenstränge zu fühlen. Tags darauf am 23. XII., nach Frösteln Emporschnellen der Temperatur auf 40,4°, Puls 120. Blutentnahme je 20 ccm zu Agargußplatte und in hohe Bouillon ohne Paraffin bleiben steril. 20 ccm in Zylinderagar, hier nach 2 Tagen auf dem Grund feine anhämolytische Kolonien sichtbar (mindestens 20 an der Peripherie zu sehen!), nach 3 Tagen beginnende Gasbildung, am 4. Tag Nährboden durch die jetzt bis zu Hanfkorn- und Linsengröße herangewachsenen, käsig stinkenden Kolonien so zersprengt, daß eine genaue Zählung nicht mehr möglich; schätzungsweise waren es 80 bis 100. Die Kolonien sind kohärent, aber mikroskopisch zeigt sich nur minimaler Schleimsaum. In der Scheide fand sich a e r o b viel Strept. lentus, vereinzelt Pseudodyphtheriebazillen und Staphyl. alb. haem.; a n a e r o b gleichviel Microc. tetrag. anaerob. und S t r e p t. l e n t u s. Am 24. XII. (9. Wochenbettstag) abends, Temperatur 38,3°, dann 5 Tage zwischen 37,3° und 38°, am 15. Tag 9 h. a. m. und 12 h. a. m. nochmals je ein kurzer Frost, Temperatur 40,2°. Im Blut wieder Reinkultur von Microc. tetrag. anaerob., aber nur etwa halb so viel Kolonien wie bei der ersten Entnahme. Am nächsten Morgen noch 38,4°, abends 38,4°. Vom 17. Tag ab immer unter 37°, Puls um 90. Am 25. Tag Aufstehen, am 28. Tag entlassen mit normalem Genitalbefund.

D i a g n o s e : M e t r o p h l e b i t i s s i n i s t r a p o s t a b o r t u m.

14. Bacillus aerogenes capsulatus: Schon nach 12 Stunden gut sichtbare glatte, kreisrunde Kolonien mit später leicht gezähneltem Rand, ausgezeichnet durch einen bis zu 1 cm breiten hämolytischen Hof; jedoch keine völlige Zerstörung des Blutfarbstoffs, sondern bloß Auflösung der roten Blutkörperchen, so daß der Hof heller und durchsichtiger, aber nicht wasserklar erscheint.

Unbewegliche, plumpe, recht verschieden lange und dicke Stäbchen; immer im Organismus, häufig auch in Kulturen von breiter S c h l e i m k a p s e l umgeben. Stäbchen darin nicht selten exzentrisch gelegen. Sporen nur ausnahmsweise, aber von einzelnen Autoren doch als sicher beobachtet angegeben[34]). In jungen, lebenden Kulturen immer grampositiv, abgestorbene Bazillen häufig gramnegativ. Wächst nur anaerob, was ich gegenüber S a c h s [35]) ausdrücklich hervorheben möchte!

Zuerst von W e l c h [36]) als Bac. aerogenes capsulatus, ungefähr gleichzeitig von E. F r ä n k e l [37]) als B. p h l e g - m o n e s e m p h y s e m a t o s a e, dann von V e i l l o n und Z u b e r [38]) als B a c. p e r f r i n g e n s beschrieben; nicht identisch mit dem « V i b r i o n s e p t i q u e» Pasteurs, wie B u m m [39]) meint, vielmehr entspricht dem «vibrion septique» der B. o e d e m a t i s m a l i g.n i!

Von S c h o t t m ü l l e r [40]) aus dem Blute fieberhafter Aborte in Mischkultur, von H e y n e m a n n [41]) jüngst in einem Fall septischer Peritonitis nach Abort aus dem Blut in Rein- kultur gezüchtet.

Ich konnte den B a c. a e r o g e n·e s c a p s u l a t u s in mehreren Fällen im Scheidensekret bei fieberhafter Geburt in Mischkultur nachweisen. Meist deuteten schon die klinischen Erscheinungen (Gasblasenbildung!) auf dessen Anwesenheit hin. Bloß in einem Fall zeigte uns einzig und allein die Blutunter- suchung, daß es sich um eine Infektion durch einen Gasbildner handelte:

Frau B., Geb.-J. Nr. 174, 1912.

Am 12. II. 1912 Einlegen eines Laminariastiftes zur künstlichen Unter- brechung der Schwangerschaft (III. Monat). Im Scheidensekret vorher aerob: mäßig viel Parapneumokokken, weniger B. coli commune; anaerob

---

[34]) cf. R i s t, C. f. Bakt., Bd. 30, 1901, p. 297, und H e y n e m a n n, Zeit- schr. f. G. G., Bd. 68, 1911, p. 429.

[35]) S a c h s, Z. f. G. G., Bd. 70, 1912, p. 227.

[36]) W e l c h, Morbid conditions caused by bacillus aerogenes capsulatus, John Hopkins Hospital Bulletins XI. p. 182.

[37]) E. F r ä n k e l, Über Gasphlegmonen, Leipzig, 1893.

[38]) V e i l l o n und Z u b e r, Arch .de méd. expérim., 1898, p. 539.

[39]) B u m m, Grundriß, 1911, p. 697.

[40]) S c h o t t m ü l l e r, Mitteil. a. d. Grenzgeb., Bd. 21, 1910, p. 484.

[41]) T h. H e y n e m a n n, Der E. Fränkelsche Gasbacillus in seiner Bedeu- tung für die puerperale Infektion, Z. f. G. G., Bd. 68, 1911, p. 425, wo auch ausführliche Literaturangaben!

leider nicht untersucht. Im Urin Reinkultur B. coli commune. (Die Frau war wegen schwerer Pyelocystitis seit 14 Tagen auf der gynäkologischen Abteilung behandelt worden.) Am 21. II. manuelle Ausräumung, ziemlich schwierig; Ausschabung, Uterustamponade. 2 Stunden nach der Ausräumung heftiger Schüttelfrost, Temp. 40,5°, Puls 128. Die ¼ Stunde nach Beendigung des Frostes vorgenommene Blutentnahme (je 20 ccm in jedes Kulturmedium) ergibt folgendes: A e r o b e A g a r g u ß p l a t t e steril! Z y l i n d e r a g a r - r ö h r e läßt nach 24 Stunden kleine, weißgelbe Pünktchen erkennen, nach 48 Stunden völlig zerklüftet; typischer Geruch nach ranziger Butter. H o h e B o u i l l o n r ö h r e (ausgekocht, aber nicht mit Paraffin überschichtet) zunächst klar; nach 30 Stunden zeigt sich an der Berührungsschicht des Blutbodensatzes eine 1 cm hohe bordeauxrote, durchsichtige Zone, die am nächsten Tag 3—4 cm breit, rotbraun und leicht getrübt erscheint. Mikroskopisch in der Zylinderagar- und Bouillonröhre Reinkultur kapseltragender grampositiver Stäbchen.

V e r l a u f : 5 h p. m. war die Temperatur bereits wieder auf 36,8° gesunken, die Frau fühlte sich völlig wohl und blieb auch die Folgezeit über gänzlich fieberfrei. Also ein Fall von « t y p i s c h e m R e s o r p t i o n s - f i e b e r »! In dem am nächsten Tag entfernten Uterustampon fanden sich aerob wenig Staph. aur. haem. und B. coli commune; a n a e r o b viel Streptococcus lentus, weniger B. aerog. capsulatus, vereinzelt B. coli. Auch bei der Entlassung am 27. II. waren aus dem Scheidensekret noch vereinzelte Kapselbazillen aufgegangen.

Hier hatte es sich wohl um eine endogene Infektion gehandelt. Hingegen konnte ich bei einem anderen Fall den exogenen Infektionsweg fast mit Sicherheit demonstrieren:

Frau S., Geb.-J. Nr. 520, 1909. 36 Jahre alt, IX. Para.

Eintritt 2. VII. 1909 wegen Blutungen. Letzte Regel Mitte Januar 1909. Seit dem 9. April ab und zu geringe Blutungen, besonders nach schwerer körperlicher Anstrengung; Blutung seit 8 Tagen stärker, zuweilen auch Abgang von «Stücken». Seit 14 Tagen Kindsbewegungen gespürt. Draußen nicht untersucht.

Da auch bei der hier zunächst angeordneten Bettruhe die Frau täglich blutet, wird am 5. VII. 10 h. a. m. ein Laminariastift eingelegt. Tamponade von Cervix und Scheide mit Vioformgaze. 6 h. p. m. beginnen kräftige Wehen; am 6. VII. 2 h. 30 a. m. wird die Tamponade mit dem frisch toten Foetus und der Placenta spontan geboren. Am Rande der Placenta sind reichlich alte Blutgerinnsel aufgelagert. Temp. 36,8°, Puls 96, Uterus gut kontrahiert.

W o c h e n b e t t s v e r l a u f : 6. VII. 7 h. a. m. Temp. 37,8°, Puls 108. (!) 5 h. p. m. Temp. 39,5°, Puls 120. Geringe Kopfschmerzen, Meteorismus. Druckempfindlichkeit rechts vom Uterus.

7. VII. Temp. und Puls bleiben hoch. Bei Druck auf Uterus entweichen unter geringem Zischen einige übelriechende Gasblasen. Uterus in toto druckempfindlich, Abdomen gespannt, meteoristisch, in den abhängigen

Partien fragliche Dämpfung, keine Fluktuationswelle. Puls abends 140.
Temp. 39,6°. Winde gehen ab! Da im Laufe des Nachmittags mehrere alte,
übelriechende Blutgerinnsel ausgestoßen worden waren und die Patientin
einen ziemlich schwerkranken Eindruck macht, wird abends nach Entnahme
von Uterussekret eine desinfizierende Uterusspülung vorgenommen.

Am nächsten Tag Temperaturabfall, früh und abends 37,4°, Puls geht
auf 108 herunter. Allgemeinbefinden besser.

Am 9. VII. Temperatur abends nochmals 38,4°, Puls 108; am 10. früh
Temp. 38,1°, von da ab Abfall von Temperatur und Puls zur Norm bei
allgemeinem Wohlbefinden, so daß die Frau am 16. VII., also am 11. Wochenbettstag, geheilt entlassen werden kann.

Bakteriologische Untersuchung: In dem am 2. Wochenbettstag entnommenen Uterussekret (7. VII. 09) direkt mikroskopisch
viel grampositive Kapselbazillen, wenig grampositive Kokken; kulturell:
aerob auf Blutagar vereinzelt Streptococcus haemolyticus vulgaris; anaerob im hohen Agargemisch bereits nach 20 Stunden deutliche Gasbildung;
im Präparat Kapselbazillen, Pseudotetanusbazillen und Streptokokken.

Da bei der seit längerer Zeit bestehenden Blutung der Verdacht nahe-
liegt, daß die Frau sich öfters berührte, und sie andererseits zugibt, viel
im Garten gearbeitet zu haben, werden zunächst die Fingernägel ab-
geschabt und untersucht. Darin wachsen viel Kapselbazillen, ferner tetanus-
verdächtige, schmale Stäbchen und Kokken. Die mit der Kultur geimpften
Tiere zeigen lokale Abszesse, gehen aber nicht ein. Dieselben Keime finden
sich in großer Menge in der von der Frau gerade vorher bebauten Garten-
erde. (Diagnose der Pseudotetanusbazillen s. unter 17, p. 89.)

Im Scheidensekret am 14. VII., also am 9. Wochenbettstag, aerob:
wenig Staphyl. alb. anhaemol.; anaerob: wenig Kokken, noch viel gas-
bildende Kapselbazillen. Im Scheidensekret aber, ebenso wenig wie im
Uterus, nichts mehr von Gasblasen festzustellen!

Wie zuerst A. Stolz[42]) an einem größeren Materiale gezeigt hat, findet sich der Fränkel-Welchsche Kapsel-
bazillus hauptsächlich in Wunden, die mit Erde oder Schmutz
in Berührung gekommen waren. Für die Puerperalinfektion
dürfte sein häufiges Vorkommen im Darm von ausschlaggebender Bedeutung sein!

Sein Vorkommen in der Vagina wird daher durchaus keine
so große Seltenheit darstellen! Jedenfalls kann ich mich nicht
ohne weiteres der so leicht zu falschen Vorstellungen führenden
Ansicht Heynemanns[43]) anschließen, der bloß durch die
Tatsache der Anwesenheit des Gasbazillus im Lochialsekret einer fiebernden Wöchnerin schon «das Vorliegen

[42]) A. Stolz, Die Gasphlegmone des Menschen. Beiträge zur klin.
Chirurgie, Bd. 33, 1902, p. 72.

[43]) Heynemann, Z. f. G. G., Bd. 68, 1911, p. 441.

einer Infektion mit diesem Keim für wahrscheinlich und damit die Möglichkeit einer ernsten Erkrankung für gegeben» hält. Ich meine, wir hätten aus den zahlreichen Irrlehren, die anfangs aus der Anwesenheit der hämolytischen Streptokokken in der Scheide abgeleitet wurden, lernen müssen, uns in Zukunft vor derartig übertriebenen Schlußfolgerungen frei zu machen. Sagt doch Heynemann selbst (p. 434) sehr zutreffend: «Es kann wohl nicht daran gezweifelt werden, daß der Gasbazillus auch bei ganz leichten Fiebersteigerungen und im normalen Vaginalsekret zu finden ist [44]). Wir sehen also hier die gleiche Erscheinung, wie wir sie bei den anderen Wundkeimen, ja wohl bei allen Keimen überhaupt kennen oder doch vermuten müssen!!» Wir haben mithin auch im Bac. aerogenes capsulatus nichts mehr und nichts weniger als einen der vielen «Wundinfektionserreger» zu erblicken, der klinisch dadurch besonderes Interesse gewinnt, daß er bei seinem Wachstum im menschlichen Gewebe sehr reichliche Gasmengen zu produzieren vermag; so ist er fast immer als Erreger bei «Tympania uteri» im Spiele.

15. **Bacillus haemophilus**: Erst nach 2—3 Tagen makroskopisch sichtbar werdende Kolonien mit aufgehelltem, nicht wasserklarem Hof, Kolonien zuweilen nach 3 Tagen mit rötlichem Schimmer. Nur auf hämoglobinhaltigen Nährböden wachsend, anaerob bedeutend besser als aerob. Mikroskopisch feinste, schmale Kurzstäbchen, den Influenzabazillen täuschend ähnlich.

Diese von Koch und mir im selben Monat (Mai 1911) zum ersten Male beobachteten Stäbchen, sind von Koch [45]) ausführlicher beschrieben worden. Koch gebührt das Ver-

---

[44]) Vgl. den Fall 4 von Wegelius (A. f. G., Bd. 88, 1909, p. 324): «Diese Art wurde während der Geburt im Vulva- nicht aber im Scheidensekret angetroffen. Am vierten Tage nach der Geburt war der Bacillus, wenngleich ziemlich spärlich, sowohl in den vaginalen wie in den uterinen Lochien zu finden. Am Tage vorher war notiert worden, daß die Lochien übelriechend geworden waren. Am neunten Tage wurde der Bacillus, auch jetzt nicht in besonders reichlicher Menge, noch im Uterus vorgefunden. Die Temperatur blieb während des ganzen Puerperiums normal.»

[45]) Koch, Ein hämoglobinophiles Stäbchen als Fiebererreger im Wochenbette, Z. f. G. G., Bd. 69, 1911, p. 634.

dienst, ihren hämoglobinophilen Charakter erwiesen zu haben. Schon W e g e l i u s hatte offenbar unter seiner Art Nr. 23 [46]) diese Bakterien vor sich, es ist ihm aber nicht gelungen, sie in zweiter Generation zu züchten, gerade so wie unsere Weiterimpfungen in Bouillon, Agar und Gelatine von Anfang an steril blieben [47]). Wir konnten die Stäbchen bei putrider Endometritis in 12 % im Scheidensekret nachweisen, in 8 % waren sie allein für die Gestankbildung verantwortlich zu machen.

Aus dem B l u t e konnte ich sie als erster, allerdings bisher bloß einmal bei einer tötlich endenden Pyämie nach Placentarrestlösung in Mischkultur mit anaeroben Streptokokken isolieren, immerhin ein Beweis für ihre Penetrationsfähigkeit!

Hier kurz der Bericht dieses Falles:

Frl. R. S., Geb.-J. Nr. 118, 1912. V. Gebärende. Spontangeburt am 5. II. 1912. Placenta scheint vollständig zu sein. Völlig fieberfreies Wochenbett (höchste Temperatur 37.2°!), bloß immer ziemlich viel Blutabgang. Lochien putrid. Am 8. Tag zeigt die innere Untersuchung, daß die Cervix für einen Finger noch gut durchgängig ist und im Uteruscavum Blutcoagula zu fühlen sind; daher Verdacht ausgesprochen auf retinierten Placentarrest, obwohl diese bei der Geburt vollständig erschienen war. Bei der Austastung am 13. II. 1912 in Äthernarkose glaubt der Operateur einen kleinwallnußgroßen Cotyledo auf der Hinterwand nahe dem Fundus zu fühlen; er entfernt auch einen Gewebsfetzen; aber schon makroskopisch, sicher allerdings erst mikroskopisch zeigt sich, was bei der kontrollierenden Nachtastung bereits vermutet worden war, daß es sich um ein Stück der Gebärmutterwand selbst handelte! Heiße Uterusspülung, Tamponade mit ölgetränkter Vioformgaze, Secacornin.

Bereits 1½ Stunden nach der Ausräumung, bei der die Patientin ziemlich viel Blut verloren hatte, heftiger Schüttelfrost. Sofortige Blutentnahme Venen so schlecht gefüllt, daß nur mit großer Mühe 8 ccm Blut gewonnen werden können. Davon werden je 2 ccm in 2 Anaeroben-Röhrchen nach B u r c k h a r d t - S o c i n geimpft, der Rest in eine hohe Bouillonzylinderröhre gebracht; diese bleibt steril, während in den B u r c k h a r d t schen Röhren nach 2 mal 24 Stunden deutliche Trübung mit flockigem Bodensatz zu sehen ist: mikroskopisch und kulturell Reinkultur a n a e r o b e r S t r e p t o k o k k e n.

Das vor der Ausräumung entnommene S c h e i d e n s e k r e t ließ aerob vereinzelte Pseudodiphtheriebazillen-Kolonien, sonst nichts angehen; anaerob wuchs viel Strept. anaerobius, weniger Bac. haemophilus. Am 18. II. wuchs aus der Scheide aerob wieder bloß Pseudodiphtherie, am 20. II. daneben mäßig viel Strept. lentus; anaerob das gleiche wie vor der Ausräumung.

[46]) W e g e l i u s, A. f. G.. Bd. 88, 1909, p. 313.

[47]) cf. S a c k e n r e i t e r, Hegars Beiträge f. G. G., Bd. 17, 1912, p. 22 des S.-A.

Hohes intermittierendes Fieber seit der Ausräumung mit täglichen Schüttelfrösten, am 21. II. Exitus unter den Zeichen der Pyämie. In dem fast jedesmal direkt nach dem Frost entnommenen Blut geht am 15. II. wieder bloß in der Burckhardtschen Röhre eine Reinkultur anaerober Streptokokken an; die mit je 20 ccm Blut beschickte Zylinderagarröhre, die hohe Bouillon mit Paraffinüberschichtung und die Agargußplatte bleiben steril! Daselbe Resultat am 16. II. und 17. II. Am 19. II. wird bei 40° um 5 h. p. m., ohne daß ein neuer Frost aufgetreten wäre, Blut entnommen. Es zeigen sich zum ersten Male auch in der Zylinderagarröhre bis 3 cm unterhalb der Oberfläche grauweiße, nach 3 Tagen etwa hanfkorngroße Kolonien, im ganzen etwa 200; ebenso findet sich in der hohen Bouillon eine Reinkultur von Streptokokken, die auf aeroben Nährboden nicht wachsen.

Am 20. II. um 10 h. a. m. erneuter heftiger Frost. Jetzt gehen in der hohen Bouillon sowie im Zylinderblutagar neben den anaeroben Streptokokken viel gramnegative, influenzabazillen-ähnliche Stäbchen auf und zwar sind sie in der Überzahl (50:10); allerdings erst nach 6 Tagen in der Zylinderröhre durch ihren aufgehellten Hof aufgefallen (ich dachte den inzwischen auch in der Scheide aufgetretenen Streptococcus lentus zu finden!). In der Burckhardtschen Röhre hatte ich an diesem Tage leider nicht gezüchtet, da meine Wasserstoffbombe leer geworden war.

Bei der Autopsie am 22. II. 12 wächst aus dem Uterus aerob bloß wenig B. coli, anaerob viel Streptococcus anaerobius, weniger B. coli, wenig B. haemophilus. Im Herzblut Reinkultur anaerober Streptokokken, ebenso im Lungenabsceß.

Die haemophilen Stäbchen wucherten also gemeinsam mit den anaeroben Streptokokken in den Gefäßthromben und sind gelegentlich eines Schüttelfrostes in so großer Menge ins Blut gelangt, daß sie kulturell nachweisbar wurden.

Der Bac. haemophilus ist gegen Abkühlung und Austrocknung sehr empfindlich, es empfiehlt sich daher, wie überhaupt für alle Sekrete, die auf Gehalt an anaeroben Keimen untersucht werden sollen, die Verarbeitung möglichst bald nach der Entnahme vorzunehmen.

Da er sehr langsam wächst, ist es erwünscht, die Platten 3 Tage lang zu bebrüten. Nach Koch bleiben die Agarguß- platten immer steril (p. 643).

Aus euphonischen Gründen möchte ich den Bacillus als «haemophilus», nicht als «haemoglobiniphilus» bezeichnen.

16. **Bacillus nebulosus:** Auf anaerober Strichplatte flache, hanfkorngroße, ganz zarte, schleierartige, leichtopake Kolonien, mit schwach aufgehelltem Hof, selten auch aerob, aber hier nur äußerst kümmerlich und ohne jegliche Hämolyse sich entwickelnd. In anaerober Blutbouillon (mit Paraffinüberschichtung) beobachtete ich schon nach 20 Stunden in der Tiefe be-

ginnende Trübung mit leichter Hämolyse, nach 3 Tagen war die ganze Bouillon getrübt, hämolytische Zone bloß 2 cm hoch, keine Gasbildung. In der nicht mit Paraffin überschichteten etwas weiteren Bouillonröhre hingegen erst nach 48 Stunden deutliches Wachstum, hier aber mit Gasbildung und nur minimaler Hämolyse. Im Blutagarzylinder nach 3 Tagen zarte, graue, «nebelige», ziemlich durchsichtige Kolonien, die nach 4 Tagen vereinzelt kleine Gasbläschen erkennen lassen, bis ½ cm Durchmesser erreichen können. Hallé[48]) hat sie treffend mit einer Distelblume verglichen.

Mikroskopisch gerade, schlanke, ausgesprochen gramnegative, längere und kürzere Stäbchen, wie ausgeschüttete Streichhölzer untereinanderliegend. Keine Eigenbewegung, keine Kapsel, keine Sporen.

Charakteristisch für diese Art scheint mir, daß bisher nie eine Züchtung über die erste Generation hinaus gelungen ist. Ich habe alle möglichen aeroben und anaeroben Kulturmedien ausprobiert, immer mit gleichem negativem Erfolg!

Bei meinen Untersuchungen mit Sackenreiter über die Erreger der putriden Lochien war uns gleich im ersten Fall dies Stäbchen aufgefallen. Noch nicht so mit der anaeroben Literatur vertraut, bezeichneten wir es damals als «gramnegativen Vaginalbacillus»[49]). Ich bin aber heute überzeugt, daß wir damals ebenso wie in den späteren Fällen den, von Hallé[50]) zuerst beschriebenen B. nebulosus vor uns hatten; auch aus der Scheide gynäkologisch Kranker konnte ich ihn seither mehrfach isolieren. Von Hallé wurde dieses Stäbchen aus dem Scheidensekret sowie aus Bartholonitis-Eiter gezüchtet. Er konnte damit tierexperimentell Absceß und sogar ausgebreitete Gangrän erzeugen.

Brindeau und Macé[51]) hatten in ihrem Fall 3 von putrider Endometritis wohl dasselbe Stäbchen vor sich.

Jeannin[52]) fand den B. nebulosus mehrmals im putriden Lochialsekret, einmal im Fruchtwasser (p. 70).

---

[48]) Hallé, Thèse de Paris, 1898, p. 33.

[49]) cf. Sackenreiter, Hegars Beiträge, Bd. 17, 1912, p. 16 des S.-A.

[50]) Hallé, Recherches sur la bactériologie du canal génital de la femme. Thèse de Paris, 1898.

[51]) Brindeau und Macé, XIIIe Congrès de Médecine à Paris, p. 109.

[52]) Jeannin, Thèse de Paris, 1902.

W e g e l i u s [53]) traf ihn in 4 von 10 Fällen während der Geburt sowohl in der Vulva wie in der Scheide, in 2 dieser Fälle am 9. Tag auch im Uterus.

Ich konnte als erster das Stäbchen im Blut nachweisen:

Geb.-J. Nr. 1060, 1911.

Bei einer nach 6 stündiger Wehentätigkeit am 11. XII. 1911 spontan entbundenen II. Para, bei der das Fruchtwasser [54]) etwa 24 Stunden vor dem Wehenbeginn abgegangen war, trat 1 Stunde post partum während der exspektativ geleiteten Nachgeburtsperiode ein heftiger, etwa 15 Minuten anhaltender Schüttelfrost auf; tiefblaue Lippen, stark beschleunigte Atmung, kleiner, jagender Puls 130—140, Temp. 39,1°. Sofortige Blutentnahme und Aussaat in 5 verschiedene Kulturmedien: je 20 ccm in hohe Bouillon mit und ohne Paraffinüberschichtung, je 20 ccm in Agarzylinderröhre und Agargußplatte; bloß diese bleibt steril, sonst überall Reinkultur von B. n e b u l o s u s, und zwar fanden sich etwa 20 Kolonien in der Zylinderröhre, somit kam auf je 1 ccm Blut ungefähr je ein Keim; damit stimmte auch die Aussaat in den B u r c k h a r d t schen Röhren überein; denn während in der mit 2 ccm Blut beschickten Traubenzuckerbouillon deutliche Trübung mit schwacher Hämolyse auftrat, blieben die mit 1 und ½ ccm Blut geimpften Röhren steril.

Im gleichzeitig und auch später noch wiederholt entnommenen Urin waren die Stäbchen nicht zu finden, hingegen wuchsen sie in großer Anzahl in der Scheide neben wenig Staph. alb. anhaemol.

1 Stunde nach der Blutentnahme war die Temperatur der Patientin auf 39,6° gestiegen, am nächsten Morgen aber zur Norm abgefallen; abends nochmals 38,6°, Puls wenig beschleunigt, dann, abgesehen von leicht p u t r i d e n L o c h i e n, durchaus normales Wochenbett. Das K i n d war schon am 2. Tag schwer ikterisch (i n t r a u t e r i n e I n f e k t i o n?), war nur mit Mühe zum Trinken zu bringen, erholte sich aber vom 6. Tage an zusehends.

Ob man ein derartiges Fieber nun noch als « R e s o r p t i o n s f i e b e r» bezeichnen kann, dürfte unschwer zu entscheiden sein. Jedenfalls ist durch meinen Befund der endgültige Beweis erbracht, daß auch der B. n e b u l o s u s zu den echten Parasiten gehört; mag er auch selten so penetrationsfähig werden wie hier, immerhin müssen wir damit rechnen, daß er u n t e r g ü n s t i g e n B e d i n g u n g e n diese ihm von Natur aus eigene Fähigkeit zur Geltung bringen wird!

---

[53]) W e g e l i u s, A. f. G., Bd. 88, 1909, p. 329.

[54]) Der genaue Zeitpunkt des Fruchtwasserabgangs ließ sich nicht feststellen, da die seit 3 Wochen in der Klinik anwesende Hausschwangere sich am 10. XII. morgens bei der Hebamme meldete mit der Angabe, daß sie heute früh beim Erwachen naß gelegen habe. Da keine Wehentätigkeit festzustellen war, verrichtete sie noch den ganzen Tag über ihre Hausarbeit.

17. **Bacillus tetani:** Weiße, zarte Kolonien mit strahligem Rand und hämolytischem Hof. Schlanke, grampositive Bazillen, mit starker Eigenbewegung, in älteren Kulturen oft zu Fäden ausgewachsen, mit endständigen, kreisrunden oder ovoiden Köpfchensporen, die dem Bacillus das charakteristische Aussehen eines Trommelschlägels verleihen. Starke Gasbildner, Geruch nach angebranntem Horn.

Mikroskopisch nicht zu unterscheiden von dem P s e u d o - t e t a n u s b a c i l l u s, dem «B a c i l l e à é p i n g l e» der Franzosen, den B u r c k h a r d t neuerdings[55]) aus Uterus und Blut eines Falles (Nr. 1) von Metrophlebitis nach fieberhaftem Abort gezüchtet zu haben scheint, und den ich vor 3 Jahren einmal in der Scheide nachweisen konnte[56]).

Zur sicheren Diagnosenstellung müssen unbedingt reichliche Tierexperimente herangezogen werden. Findet man im direkten Ausstrichpräparat verdächtige Trommelschlägelbazillen, so bringt man nicht zu geringe Mengen davon unter die Rückenhaut von Mäusen und überimpft gleichzeitig nach S a n f e l i c e in hohe Bouillonröhren; hier wachsen die Tetanusbazillen in Mischkultur auch unter relativ aeroben Bedingungen (K i t a s a t o) und bilden ihre Toxine, so daß durch Injektion des 3—5 Tage alten Kulturfiltrats bei Mäusen und Meerschweinchen nach 1—4 Tagen typischer Tetanus hervorgerufen wird[57]).

Ebenso löst das Blutserum sowie die Spinalflüssigkeit tetanisch Erkrankter meist auch bei Tieren tötlichen Tetanus aus. Da die Tetanusbazillen im Wundsekret[58]), sowie in der Umgebung Tetanuskranker[59]) meist sehr schwer direkt nachweisbar sind und es sich andererseits auch um «Pseudotetanusbazillen» handeln kann, glaube ich, ähnlich wie für die Diphtheriediagnose, nur das Tierexperiment · als ausschlaggebend ansehen zu können. Für epidemiologische Studien zum

---

[55]) B u r c k h a r d t, Arch. für Gyn., Bd. 95, 1912, p. 5 des S.-A.

[56]) cf. Fall S., p. 83 (in Mischkultur mit B. aerogenes capsulatus).

[57]) Genaueres über diese Technik s. E. L e v y und H. B r u n s, Gelatine und Tetanus. Mitteil. a. d. Grenzgeb. d. Med. u. Chir., Bd. 10, 1902, p. 238 und 239.

[58]) cf. S c h o t t m ü l l e r, Grenzgebiete, Bd. 21, 1910, p. 488.

[59]) F o r e s t, Inaug.-Diss., Straßburg, 1901.

Nachweis der Herkunft eines Tetanusfalles dürfte ebenfalls die reichliche Aussaat des verdächtigen Materials in Bouillon und die Verimpfung der 3—5 Tage bebrüteten und dann filtrierten Bouillonkultur auf Mäuse und Meerschweinchen am schnellsten zur sicheren Diagnose führen.

Bei der weiten Verbreitung der Tetanusbazillen in den Faeces und im Staub, muß man sich wundern, daß das Vorkommen des puerperalen Tetanus[60]) trotz der Zunahme des kriminellen Aborts so außerordentlich selten geworden ist!

18. **Bacillus oedematis maligni:** Grauweiße, «einem Fadenknäuel gleichende» hämolysierende Kolonien, die übelriechendes Gas entwickeln; zusammengesetzt aus dicken, in ihrer Länge vielfach wechselnden, gut beweglichen Bazillen (peritriche Geißeln!) mit meist mittelständigen, aber auch endständigen Sporen, die den Bazillenleib an Dicke nicht überragen. Verhalten bei Gramfärbung unbestimmt; Jensen[61]) gibt an, daß er je nach kleinen Modifikationen der Technik sich bald positiv, bald negativ verhalten haben. Meine direkt aus Leichenblut angefertigten Präparate ließen meist gefärbte, aber auch entfärbte Bazillen erkennen. Die Sporen sind widerstandsfähig.

Der Bazillus ist zuerst von Pasteur (1877!) aus dem Blute von Wöchnerinnen gezüchtet worden, die an Sepsis eingegangen waren; er glaubte in ihm den allgemeinen Erreger der puerperalen Sepsis gefunden zu haben und nannte ihn dementsprechend «vibrion septique». Aber bald (1879) überzeugte er sich von seinem Irrtum, und Koch[62]) schlug vor, das durch die Ausbreitung dieses Bacillus in den Lymphbahnen hervorgerufene typische Krankheitsbild als «malignes Oedem» von der Septikämie abzugrenzen.

Seither sind mehrfach Fälle akutester Sepsis durch Infektion mit B. oedematis maligni beobachtet worden; besonderes Aufsehen erregte die Mitteilung von Brieger und

---

[60]) cf. Runge, M. f. G. G., Bd. 29, 1909, p. 602.

[61]) O. Jensen, Malignes Oedem in Kolle-Wassermanns Handbuch, I. Aufl., Bd. II, 1903, p. 628.

[62]) R. Koch, Mitteilungen a. d. Kaiserl. Gesundheitsamt, Bd. 1, 1881, p. 49.

E h r l i c h [63]), die nach Injektion von Moschustinktur bei 2 Typhuskranken, von der Injektionsstelle ausgehendes malignes Oedem nachweisen konnten, das in 3 Tagen zum Tode führte. Bei Genitalaffektionen wurden die Oedembazillen nachgewiesen von W i t t e in einer Pyosalpinx, von G i g l i o in einem periuterinen Absceß, von M o n o d bei einer vom Uterus ausgehenden Allgemeininfektion. Endlich ist ein interessanter Fall von B r e m e r nach kriminellem Abort [64]) beschrieben.

Wir haben im Februar 1910 drei kurz hintereinander operierte Frauen an schwerster Sepsis eingehen sehen, wo ich das Vorliegen einer Infektion mit dem B. o e d e m a t i s m a l i g n i nachweisen konnte. Ich führe diese Fälle ihrer Seltenheit wegen in Kürze an:

Fall 1. Frau M. L., Geb.-J. Nr. 110, 1910.

Vom Lande eingeliefert am 8. II. 1910, 7 h. p. m. Draußen vom Arzte morgens Perforation des nach 30stündiger Geburtsdauer abgestorbenen, offenbar sehr großen Kindes (einfach plattes Becken!) Wegen Mißlingens der Extraktion Zuziehen eines Kollegen, der nach wiederholtem, vergeblichem Extraktionsversuch einen Wendungsversuch macht, der aber ebenfalls mißlingt. Bei der 4 Stunden nach diesem letzten Eingriff erfolgten Aufnahme in die Klinik fällt sofort ein ziemlich ausgebreitetes Emphysem der Bauchdecken auf; im hinteren Scheidengewölbe ist ein Riß nachweisbar, von dem nicht sicher angegeben werden kann, ob er perforierend ist oder nicht. Für Uterusruptur besteht kein sicherer Anhaltspunkt. Temp. 37,4°, Puls 140! Mit dem Kephalotryptor B r e i s k y s gelingt es, den Kopf zu extrahieren, die Entwicklung des Kindes (3750 g ohne Gehirn bei plattem Becken!) ist ebenfalls sehr schwierig. Manuelle Placentarlösung. Wegen der bestehenden Infektion bei Verdacht auf Kolpaporrhexis wird der Uterus mit den Adnexen per laparotomiam entfernt; dabei deutliches E m p h y s e m in den Bauchdecken, im Cavum praeperitoneale R h e t z i i, sowie in beiden Ligg. lata festgestellt. Breite Drainage des Wundbetts nach der Scheide sowie durch die Bauchdecken. An den folgenden Tagen macht die Frau zunächst einen besseren Eindruck; bloß erscheint bedenklich, daß der Puls andauernd frequent bleibt.

	Temperatur		Puls	
	früh	abends	früh	abends
9.	37,4°	37,4°	124	148
10.	38,0°	38,2°	152	140
11.	37,0°	38,5°	116	148
12.	38,1°	38,8°	140	132
13.	39,2°	39,7°	164	160

[63]) B r i e g e r und E h r l i c h, Berl. klin. Wochenschr., 1882, p. 661.
[64]) cit. n. J e n s e n, l. c. p. 621 u. 622.

Am 12. II. 10 gehen reichlich Blähungen ab, kein Erbrechen; Lochien sehr übelriechend. Scheidendammriß schwarzbraun, dick infiltriert.

13. II. Pat. benommen, Puls klein, jagend. 9 h. p. m. Exitus.

Im Scheidensekret fanden sich bei der Aufnahme im direkten Präparat: viel grampositive Kokken, viel grampositive und gramnegative Stäbchen, darunter zahlreiche große grampositive Stäbchen mit Sporen. Kulturell, leider bloß aerob gezüchtet: viel B. coli commune, wenig Staph. aureus anhaemol. und Strept. viridans.

Autopsie am 14. II. 10. Sekant Herr Maschke. Pathologisch-anatomische Diagnose: Kolpitis ischorosa-purulenta post Kolpaporrhexin. Peritonitis fibrinosa diffusa (Pyohaemia).

Nephritis suppurativa. Parotitis supp. sin. Bronchitis supp. Pelvis plana obliqua.

Genau 8 Tage später wurden zwei Frauen operiert, bei denen wir in einwandfreier Weise die Oedembazillen als Erreger akutester Sepsis feststellen konnten. Bei der Seltenheit dieser Infektion mußten wir annehmen, daß diese beiden Fälle 2 und 3 in irgend einer Weise durch unseren Fall 1 infiziert worden sind, — wie, ist uns allerdings bis heute unaufgeklärt geblieben! Alle Frauen wurden im gleichen Operationssaal, aber jedesmal von verschiedenen Operateuren und bloß zum Teil den gleichen Assistenten operiert. Im Verlauf der 8 Tage zwischen dem ersten und den beiden anderen Fällen wurden unter denselben äußeren Verhältnissen 5 Laparotomien und 5 vaginale Operationen bezw. Alexander-Adams ausgeführt, ohne irgendwelche Störung in der Wundheilung; ja sogar zwischen den beiden Fällen 2 und 3, die beide am gleichen Tage, der eine um 2 h. a. m., der andere um 9 h. a. m. operiert wurden, war eine supravaginale Amputatio uteri wegen Myomatosis vorgenommen worden, die ganz glatt heilte. Es erscheint daher a priori höchst unwahrscheinlich, daß durch die Instrumente eine Übertragung stattgefunden haben könnte; zudem ist das schon deswegen ausgeschlossen, weil nach meinen Untersuchungen der vorliegende Stamm wohl 1 Minute, nicht aber 5 Minuten langes Kochen ertrug, unsere Instrumente aber immer mindestens 10 Minuten lang gekocht werden. An die Kontaktinfektion durch die Hände der Operateure dürfte deswegen nicht zu denken sein, weil alle 3 Operationen durchweg mit neuen Gummihandschuhen vorgenommen worden waren. Es bleibt also kaum eine andere Möglichkeit übrig, als der Weg der Infektionsübertragung durch die Luft, vielleicht derart, daß die bei der Operation des ersten Falles auf feinsten Flüssigkeitströpfchen in die Luft geschleuderten Oedembazillen von den Operateuren eingeatmet wurden, sich in deren oberen Luftwegen absetzten und nun bei der zweiten und dritten Operation wieder in größerer Menge «ausgesprüht» wurden. Ich habe für diese Hypothese keinerlei objektiven Anhaltspunkt; bloß scheint sie mir etwas plausibler als eine einfache Übertragung durch trockenen Staub, eine Übertragungsweise, die ich mir in einem modernen Operationssaal, besonders bei dem langen Intervall zwischen dem infizierenden Fall 1 und den infizierten Fällen 2 und 3 nicht gut vorstellen kann. — Schließlich kann aber das Zusammentreffen dieser 3 Fälle auch ein reiner Zufall sein!

Fall 2. Frau P. H., Geb.-J. Nr. 133, 1910, Gyn.-J. Nr. 122, 1910.

29jährige V. Geb. Am 16. II. 1910 2 h. a. m. wegen plattrhachitischen Beckens nach 7stündiger Geburtsdauer, ohne draußen untersucht zu sein, subperitonealer, cervikaler Kaiserschnitt mit Tubensterilisation. Glatter Verlauf der Operation, nachher etwas mehr Blutabgang als gewöhnlich, der frequentere Puls wird zunächst darauf bezogen; erscheint abends jedoch bereits bedenklich, da der Blutverlust auf Ergotininjektion nachließ, während der Puls auf 160 anstieg, klein und jagend wurde.

	Temperatur		Puls	
	früh	abends	früh	abends
16.	37,2°	37,5°	124	160
17.	39,2°	—	ca. 180	—

In der Nacht wird das Sensorium benommen, am nächsten Morgen ist auch die Atmung sehr beschleunigt (ca. 60 pro Min.), um 9 h. a. m., also kaum 30 Stunden nach der Operation, tritt unter dem Bilde der Sepsis der Tod ein.

Die Autopsie ergibt keinerlei pathologisch-anatomische Anhaltspunkte für die Todesursache; speziell waren keine Degenerationszustände in der Leber nachweisbar [65]).

Das 15 Minuten post exit. durch Herzpunktion entnommene Blut (20 ccm) zeigt sich bei aerober Aussaat steril! Ebenso bleiben die bei der Autopsie von Herzblut und Peritoneum angelegten aeroben Kulturen steril. A n - a e r o b hingegen (hohe Bouillon in Reagenzglas mit Paraffinüberschichtung, hohe Gelatine und Traubenzuckeragar mit Agarüberschichtung) wachsen die im direkten Präparat so zahlreich gefundenen grampositiven und gramnegativen Stäbchen, zum Teil zu deutlichen Fäden oder «Peitschenformen» ausgewachsen, zuweilen mit mittel- oder endständigen Sporen. Die 5 Tage alten Bouillon- bezw. Gelatine-Kulturen halten 1 Minute langes, nicht aber 5 Minuten langes Kochen aus.

[65]) cf. S c h i c k e l e, A. f. G., Bd. 92, 1910, p. 423, Fall 5.

Meerschweinchen, die mit je 1 ccm der anaeroben Bouillonkultur subkutan geimpft werden, zeigen an der Injektionsstelle ein mehrere Tage lang nachweisbares, teigiges, nicht knisterndes Infiltrat, gehen aber nicht ein.

Autopsie am 18. II. 1910. Sekant Herr Maschke. Pathologisch-anatomische Diagnose: Status post sectionem caesaream ante diem I factam. (Sephthaemia?) Bronchitis supp. Cholelithiasis.

Fall 3. Frau M. G., 39 Jahre alt, Gyn.-J. Nr. 113, 1910.

Aufnahme 14. II. 10 wegen chronischer Metro-Endometritis mit sehr starken Metrorrhagien. Vier normale Entbindungen, letzte vor 13 Jahren.

Am 16. II. 10 vaginale Totalexstirpation des Uterus ohne Adnexe. Drainage der Bauchhöhle in die Vagina.

	Temperatur		Puls	
	früh	abends	früh	abends
16.	37,1°	38,2°	96	120
17.	38,2°	38,8°	128	128
18.	40,0°	41,0°	148	160

Am zweiten Tag abends auf Glycerininjektion Abgang von Blähungen, Abdomen nicht aufgetrieben, Puls hoch!

Am dritten Tag aber deutliche Erscheinungen der Sepsis: kein Erbrechen, aber Sensorium benommen, deliriert. 10 h. a. m. Entfernung der Vioformgazestreifen aus der Scheide. Einfügen eines Gummidrains in die Bauchhöhle; es entleert sich aber nur wenig Flüssigkeit, aus der ziemlich viel Staphylococcus aur. haem., Strept. viridans, wenig B. coli, wächst. — 5 h. p. m. Exitus unter den Zeichen der Sepsis.

Autopsie[66]) am 19. II. 10. Sekant Herr Bretz. Pathologisch-anatomische Diagnose: Defectus uteri operativus. Tumor lienis acutus. Steatosis hepatis. Sephthaemia.

Das direkt nach dem Tode durch Herzpunktion erhaltene Blut (20 ccm) ist bei aerober Aussaat steril! Auf den bei der Autopsie angelegten Kulturen wachsen aus dem Peritoneum in der Nähe des drainierten Bezirks wenig Colibakterien und vereinzelt hämolytische Staphylokokken, aus dem Herzblut ganz vereinzelt Colibakterien, im direkten Präparat hingegen sowie in den anaeroben Kulturen finden sich massenhaft sporentragende Stäbchen vom Typus des B. oedematis maligni. Deutliche Sporen sowie auch «Peitschenformen» im Peritoneum wie im Herzblut. Von beiden Stellen daneben anaerob auch B. coli gewachsen.

Ich zögerte anfangs etwas, die im ersten Fall neben B. aerogenes capsulatus, im 2. Fall in Reinkultur, im 3. Fall neben wenig Colibakterien im Herzblut bei der Autopsie nachgewiesenen Keime als die ausschlaggebenden Erreger der Sep-

---

[66]) cf. auch Schickele, Beiträge zur Physiologie u. Pathologie der Schwangerschaft. A. f. G., Bd. 92, 1910, p. 423, Fall 6.

sis anzusehen, weil meine mit dem Stamm *2* vorgenommenen Meerschweinchenimpfungen mir nicht charakteristisch ausgefallen zu sein schienen. Nun hat aber schon C o r n e v i n[67]) gezeigt, daß die einzelnen Tierarten eine ganz verschiedene Disposition für den B. oedematis maligni aufweisen können, je nach dem Alter der Tiere; da ich nicht darauf geachtet hatte möglichst junge Tiere zu nehmen, überhaupt aus äußeren Gründen bloß bei einer Tierart die Impfversuche vornehmen konnte, so glaube ich hieraus eine negative Bedeutung meines Befundes nicht ableiten zu dürfen[68]), um so weniger als das klinische Bild ganz mit denjenigen Fällen akuter Sepsis übereinstimmt, die bisher als durch den B. oedematis maligni hervorgerufen beschrieben wurden. Besonders hinweisen möchte ich auf die der Temperatursteigerung vorauseilende hohe Pulsfrequenz, die beschleunigte Atmung und das rapide Eintreffen des Todes sobald einmal die ersten Symptome der Sepsis manifest geworden sind.

Ich muß es natürlich enorm bedauern, daß mir damals nicht schon unsere heutigen Methoden der Anaerobenzüchtung aus dem Blute zur Verfügung standen; denn sonst hätte ich wohl schon an der Lebenden die richtige spezifische Diagnose stellen und die so seltenen Fälle einer viel exakteren Untersuchung unterziehen können. Für uns stand damals die p r a k t i s c h e F r a g e im Vordergrund: handelte es sich bei den Fällen *2* und *3* um eine durch uns verschuldete Infektion, und wo steckt der Fehler in unserer Asepsis? Wenn ich auch auf Grund des eigenartigen Befundes die erste Frage bejahen zu müssen und einen ätiologischen Zusammenhang zwischen dem von draußen schwer infiziert eingelieferten Fall 1 und den allerdings erst 8 Tage später — und bei glattem Verlauf von 10 anderen in der Zwischenzeit vorgenommenen Operationen! — im gleichen Saale operierten Fällen *2* und *3* nicht von der Hand weisen zu können glaubte, vermochte ich für die Art der Infektionsübertragung keinerlei Anhaltspunkte zu liefern. Wir stehen auch heute noch dieser Frage ebenso unwissend gegenüber, wie v. R o s t h o r n seiner-

---

[67]) cit. n. J e n s e n, l. c. p. 629.

[68]) Auch die Stämme B a c h m a n n s (C. f. B., I. Orig., Bd. 37, 1904, p. 221 und 353) waren zweifelhaft grampositiv und zeigten keine Tierpathogenität (p. 225!).

zeit (1898) [69]) der Verbreitungsweise der Tetanusendemie im Prager Gebärhause.

Immerhin genügten die von Herrn Prof. F e h l i n g angeordneten umfassenden Desinfektionsmaßnahmen, sowie das achttägige Aussetzen sämtlicher Operationen, um das Auftreten weiterer Sepsisfälle zu verhüten.

Der eigenartigen Bemerkung T r a u g o t t s gegenüber [70]) erlaube ich mir noch besonders darauf hinzuweisen, daß ich diese Feststellung von der Bedeutung anaerober Keime für die Wundinfektion gemacht habe, bevor die erste gleichsinnige Mitteilung S c h o t t m ü l l e r s in den «Grenzgebieten» erschienen war!

Ob es sich bei den von S c h o t t m ü l l e r (tötlicher septischer Abort durch «anaerobe sporenbildende Bazillen») [71]) sowie von F r o m m e [72]) («Exitus am 4. Tag nach schwerer Entbindung — analog unserem Fall 1 —, große Mengen anaerober sporentragender Stäbchen neben «saprophytären» hämolytischen Streptokokken im Uterus, Leber, Milz») mitgeteilten Fällen ebenfalls um die Bazillen des malignen Oedems gehandelt hat, muß bei der Knappheit der vorliegenden Angaben dahingestellt bleiben, erscheint mir aber besonders für den F r o m m e schen Fall in hohem Grade wahrscheinlich.

19. Bacillus fusiformis: Kleine, klare, langsam wachsende Kolonien, nach 3—4 Tagen zuweilen mit aufgehelltem Hof; streng anaerob, widerlichen Geruch verbreitend.

Der B. f u s i f o r m i s präsentiert sich mikroskopisch in 3 verschiedenen Formen, die nach neueren Untersuchungen (E l l e r m a n n, M ü h l e n s, S h m a m i n e) alle zu ein und derselben Art des P l a u t - V i n c e n t schen Spindelbacillus gehören:

1. Gerade oder leicht S-förmig geschwungene Stäbchen von verschiedener Länge mit scharf zugespitzten Enden; im Innern häufig weniger gefärbte Stellen und so leicht gescheckt aussehend; bei stärkerer Alkoholbehandlung gramnegativ.

[69]) cf. v o n R o s t h o r n, Verhandl. d. Ges. für Gyn., 1899, p. 421 ff.
[70]) T r a u g o t t, Z. f. G. G., Bd. 68, 1912, p. 330.
[71]) S c h o t t m ü l l e r, Grenzgebiete, l. c. 1910, p. 476, Nr. 6.
[72]) F r o m m e, Prakt. Ergebnisse von Franz-Veit, Bd. II, 2, 1910, p. 329.

2. Kürzere halbmondförmige «Kommabazillen», wohl identisch mit den von W e g e l i u s als «Art *32*» genau beschriebenen und bei einem seiner Fälle im Uterus vorgefundenen Stäbchen; sie zeichnen sich ebenfalls aus durch ihre beiderseits sich verjüngenden Enden; entfärben sich ungleichmäßig nach Gram.

3. Mehrfach gewundene, dünne Spirochäten, meist nur im direkten Präparate nachweisbar, neuerdings aber ebenfalls gezüchtet, gramnegativ. Diese 3 verschiedenen Wuchsformen des B. f u s i f o r m i s finden sich massenhaft in den übelriechenden Belägen der Angina ulcerosa, der Stomatitis gangraenosa und bei Noma, sowie beim Hospitalbrand. Aber auch in stinkenden Eiterherden des Körperinnern sind sie mehrfach nachgewiesen, allerdings, wie es scheint, meist mit anderen Parasiten, speziell mit Streptokokken, vergesellschaftet.

So fand sie B a b e s [73]) bereits 1889 bei einem am 5. Tag an Nabelsepsis eingegangenen Neugeborenen neben wenig Streptokokken im Blut und in allen inneren Organen.

S c h m i d t l e c h n e r [74]) spricht sie als die Erreger einer tötlich verlaufenen puerperalen Pyämie an, ohne sie jedoch in den metastatischen Herden nachgewiesen zu haben.

Wir konnten sie aus 8 % der putriden Lochien auf Blutagar anaerob züchten; auch B o n d y [75]) hat neuerdings auf ihr Vorkommen im Scheidensekret hingewiesen.

20. **Seltenere** (bezw. noch nicht sicher als solche erkannte) **anaerobe Parasiten der Vagina:** Von französischen Autoren [76]), zum Teil auch von W e g e l i u s [77]) sind noch eine Reihe anderer obligat anaerober Keime in den puerperalen Sekreten beschrieben worden, über deren parasitäre Natur sich bisher absolut Sicheres nicht aussagen läßt, deren Existenz ich aber doch erwähnen möchte, da ihr gelegentlicher Übertritt ins Blut mir durchaus nicht ausgeschlossen erscheint.

---

[73]) B a b e s, Spindelförmige Bazillen im Handb. von Kolle-Wassermann, I. Ergänzungsbd., 1907, p. 287.

[74]) S c h m i d t l e c h n e r, Z. f. G. G., Bd. 56, 1905, p. 291.

[75]) O. B o n d y, M. f. G. G., Bd. 34, 1911, p. 544 und 547.

[76]) cf. J e a n n i n, Thèse de Paris, 1902.

[77]) W e g e l i u s, A. f. G., Bd. 88, 1909, p. 249.

Wir werden gut daran tun, uns mit der Morphologie und Biologie auch dieser Arten vertraut zu machen, da wir sie dann um so leichter richtig werten werden, falls wir ihnen wirklich einmal bei unseren Blutuntersuchungen begegnen sollten.

Von diesen Arten scheint am häufigsten der B. thetoides (Rist und Guillemot) = B. funduliformis (Hallé) in der Scheide gefunden zu werden: durch hochgradigen Polymorphisums ausgezeichnete (längliche, kugelrunde, faßförmig aufgetriebene, Spermatozoen- bis Ganglienzellen ähnliche) gramnegative Stäbchen, die auf Blutagar einen käsigen Geruch entwickeln. Ich halte es nicht für ausgeschlossen, daß ich diese Art bei meinen Untersuchungen mit Sackenreiter[78]) über die Erreger der putriden Endometritis deswegen nicht fand, weil ich die meist erst 2 Tage alten Stäbchen vielleicht für Colibazillen ansah und die Züchtung von Reinkulturen deswegen nicht vornehmen ließ.

Auch ich habe mich neuerdings von den charakteristischen Formen dieser Art überzeugt.

Wegelius[79]) hat den B. thetoides in 6 von 10 Fällen angetroffen. Wegelius konnte ebenso wie Jeannin[80]) bei einzelnen Stämmen Tierpathogenität nachweisen.

Ghon und Sachs[81]) haben ihn bei Perforationsperitonitis in sekundären Lungenabscessen nachgewiesen, ebenso beschreibt ihn Heyde[82]) bei einem Fall von metastatischer Eiterung ohne Gangrän.

Weiter haben ein etwas plumpes, gramnegatives, anaerobes Stäbchen, das eventuell mit dem Colibacillus verwechselt werden könnte, Veillon und Zuber als B. serpens, Guillemot und Rist als B. radiiformis beschrieben; er tritt häufig als Diplobacillus, aber nie in Kettenform auf.

Den Bacillus ramosus, ein grampositives, an den Diphtheriebacillus erinnerndes, aber streng anaerobes

---

[78]) Sackenreiter, Hegars Beiträge, Bd. 17, 1912.

[79]) Wegelius, A. f. G., Bd. 88, 1909, p. 316 ff., dort s. auch Literatur!

[80]) Jeannin, Thèse de Paris, 1902, p. 35.

[81]) Ghon und Sachs, C. f. Bakt., I. Orig. Bd. 38, 1905, p. 6.

[82]) Heyde, Über Infektion mit anaeroben Bakterien, Beitr. zur klin. Chir., Bd. 68, 1910, p. 642.

Stäbchen mit Verzweigungen, konnte J e a n n i n[83]) in einem Lungenabsceß nach Lochiometra nachweisen.

Ein schwer kultivierbares, kleines g r a m n e g a t i v e s Stäbchen mit z u g e s p i t z t e n Enden, das auch wir in putridem Lochialsekret gesehen haben, aber nie züchten. konnten, ist als B a c i l l u s f r a g i l i s beschrieben (J e a n n i n, p. 35). Endlich hat H a l l é als B a c i l l u s c a d u c u s ein ebenfalls sehr kleines, streng anaerobes, anscheinend meist bloß in Mischkultur zu kultivierendes, stark g r a m p o s i t i v e s Stäbchen von der Größe und Form des «Schweinerotlaufbacillus» isoliert, das ebenfalls hauptsächlich in übelriechendem Wochenfluß vorzukommen scheint.

Mit der Zusammenstellung dieser 20 verschiedenen Arten und Unterarten dürfte eine gewisse U n t e r l a g e für weitere bakteriologische Forschungen auf dem Gebiete der Puerperalfieberfrage gegeben sein.

Mögen auch meine Ausführungen zum Teil ein recht subjektives Gepräge angenommen haben, so wird man doch, denke ich, daraus den Eindruck gewinnen, daß sie den Erfahrungen täglicher Laboratoriumsarbeit entsprungen sind und dem Bedürfnisse gerecht werden möchten, die Ätiologie der gelentlich des Geburtsaktes entstehenden Infektionsprozesse so umfassend zu erforschen, daß ebenso wie sonst beim «Wundfieber» auch beim «Kindbettfieber» jeder als Infektionserreger überhaupt mögliche Keim berücksichtigt und entsprechend unseren klinischen Erfahrungen bewertet wird!

Ich möchte aber durchaus nicht den Eindruck erwecken, als ob ich mit dieser Aufzählung den Reichtum der für das Puerperalfieber in Betracht kommenden Bakterienflora erschöpft zu haben glaubte. Ich halte es vielmehr für gar nicht unwahrscheinlich, daß bei noch feinerer Methodik und bei noch gründlicherer Beobachtung mit der Zeit vielleicht noch manchem Microorganismus eine gewisse direkte oder indirekte Bedeutung für die puerperale Infektion zuerkannt werden wird!

---

[83]) J e a n n i n, Thèse de Paris, 1902, p. 33.

III. Negative Bedeutung der Saprophyten für die Wundinfektion.

Einiges zum Virulenzproblem.

Wir haben gesehen, daß man sich zu Beginn der bakteriologischen Ära der Hoffnung hingegeben hatte, ein «ätiologisches Einteilungsprinzip der puerperalen Wundkrankheiten nach mykotischen Gesichtspunkten» aufstellen zu können[1]. Spätere Erfahrungen haben hingegen gezeigt, daß wir es einem Krankheitsbild nur in den allerseltensten Fällen ansehen können, durch welchen Keim es ausgelöst wird, daß vielmehr ein und derselbe Keim die verschiedensten Erkrankungsformen erzeugen kann.

So hat man erkannt, daß Keime, die früher allgemein als harmlose «Saprophyten» angesehen wurden (z. B. Bacterium coli) tötliche Erkrankungen hervorrufen können, und man hat andererseits sich davon überzeugt, daß Keime, die man bisher zu den gefährlichsten Parasiten gezählt hatte (z. B. hämolytische Streptokokken), auf puerperalen Wunden in Reinkultur wuchern können, ohne eine klinisch sich manifestierende Infektion zu setzen. Diese Erfahrung hätte eigentlich schon genügen müssen, um zu beweisen, daß unsere bisherige Einteilung der puerperalen Wundinfektionserreger in «Parasiten» und «Saprophyten» vom bakteriologischen Standpunkt aus eine recht willkürliche war, daß man mit dieser Unterscheidung brechen müßte! Statt dessen haben sich im Gegenteil verschiedene Schulen (Veit, Walthard u. a.) bemüht, unter den «parasitären» Arten die «saprophytären» Formen herauszufinden, von der Überzeugung ausgehend, daß ein bei einem gegebenen Krankheitsfall bloß als «Saprophyt» wuchernder Stamm auch immer ein Saprophyt bleiben müsse, oder wenigstens nur ganz allmählich, im Verlaufe von Tagen und Wochen, patho-

---

[1] Kehrer, in P. Müllers Handb., 1889, p. 319.

gene Eigenschaften gewinnen könne[2]). Nur von einem derartigen Standpunkt aus läßt sich das Unternehmen F r o m m e s verstehen, die hämolytischen Streptokokken je nach ihrem Wachstum im «Blutschwamm» bezw. im «Lecithinbouillon» in «saprophytäre» und «pathogene» Stämme zu unterscheiden, nur so läßt sich begreifen, daß W a l t h a r d[3]) die «nicht verflüssigenden Staphylokokken» als « o b l i g a t e S a p r o p h y t e n » (!), bloß «die die Gelatine verflüssigenden» hingegen als echte Parasiten angesehen wissen will.

Auf derartige Abwege mußte man kommen, wenn man aus der Art des vorliegenden Infektionserregers allein, oder wenigstens hauptsächlich, die Prognose und die einzuschlagende Therapie ableiten wollte und sich nicht genügend vergegenwärtigte, daß zur Entstehung einer Infektion außer dem Infektionserreger (und sei es der pathogenste!) noch eine Reihe anderer Faktoren gehören.

Wenn sich der Kliniker daran gewöhnt hat, die in den offenen Körperhöhlen oder auf granulierenden Wunden wuchernden, dem Körper zu der gerade vorliegenden Zeit nicht schädlichen Keime als « S a p r o p h y t e n » zu bezeichnen, so darf diese für die Überlegung des Praktikers ja durchaus zweckmäßige Bezeichnung nicht auf unsere Deduktionen theoretischer Natur übertragen werden; denn der Bakteriologe versteht unter einem «Saprophyten» nicht einen Keim, der heute unschädlich ist, morgen aber eine schwere Epidemie anfacht, dem einen Menschen nichts schadet, den anderen hingegen in kurzer Zeit zu Fall bringt, sondern n u r d i e K e i m e s i n d S a p r o p h y t e n im Sinne d e B a r y s, d e n e n d i e F ä h i g k e i t d e r V e r m e h r u n g i m l e b e n d e n O r g a n i s m u s a b g e h t[4])! «Diese Eigenschaft, sich im lebenden menschlichen oder tierischen Orga-

---

[2]) cf. F r o m m e (Phys. u. Path. des Wochenbetts, 1910, p. 87): «Die Zeit, die ein saprischer Streptococcus in dem Genitalkanale der entbundenen Frau zu dieser Anpassung (sc. an den Kampf mit den lebenden Zellen) Gelegenheit hat, ist viel zu kurz, als daß in einigen Tagen die Umbildung zu einem virulenten Streptococcus erfolgen könnte». — Es wäre doch interessant, zu erfahren, auf Grund welcher Experimente oder Erfahrungen F r o m m e eine derartig «sichere» Offenbarung mitzuteilen vermag.
[3]) cf. T r a u g o t t, Z. f. G. G., Bd. 68, 1911, p. 335.
[4]) W a s s e r m a n n, Wesen der Infektion, in Kolle-Wassermanns Handbuch, Bd. 1, 1903, p. 229.

nismus spontan von einzelnen Individuen bis zu der zur Aus-
lösung von Krankheitserscheinungen nötigen Menge vermehren zu können, stellt das eigentliche Charakteristikum der
pathogenen, infektiösen Bakterien i. e. der «Parasiten» dar»[5])!
Gelingt es daher, von einer Keimart den Nach-
weis zu erbringen, daß sie sich — und sei es vielleicht auch bloß unter ganz besonders günstigen Bedingungen,
wovon weiter unten noch die Rede sein soll — im lebenden Organismus spontan so vermehren kann,
daß der befallene Organismus davon er-
krankt, so müssen wir diese Keimart ein für allemal zu
den «pathogenen Mikroorganismen» rechnen,
mag sie auch noch so oft bloß ein «saprophytäres Dasein»
führen!

Als zuverlässiges Kriterium für diese krankmachende Vermehrungsfähigkeit eines Bakteriums im Organismus dürfen wir
heutzutage meines Erachtens den Nachweis seines spontanen Auftretens im Blute ansehen. Es ist zwar
behauptet worden, daß durch gewisse Manipulationen (z. B.
bei der Abortausräumung) auch «obligate Saprophyten» in so
großer Menge in die Lymphspalten und Blutbahnen hineingepreßt werden können, daß sie nach einer gewissen Zeit noch
im strömenden Blute nachweisbar sind — ich halte das aber
für ausgeschlossen und glaube nicht, daß man mir einen
positiven Gegenbeweis wird erbringen können! Hingegen stelle
ich den Satz auf, daß alle Keime, die in solcher Menge
spontan ins Blut eingewandert sind, daß wir sie mit unseren gewöhnlichen Untersuchungsmethoden darin nachweisen
können, unbedingt zu den echten Parasiten gezählt werden
müssen; denn durch ihren Übertritt ins Blut lösen sie unwei-
gerlich Krankheitserscheinungen aus, sie sind somit spontan
pathogen!

Ich freue mich festzustellen, daß auch Koch[6]), der an
der Lehre vom «Resorptionsfieber» noch festhalten möchte,
sich dahin ausspricht, daß «Keime, die imstande sind, in das
Blut einzudringen und sich hier zu vermehren, damit ihre
pathogene Natur erwiesen haben»!

---

[5]) Wassermann, l. c. p. 228.
[6]) Koch, M. f. G. G., Bd. 33, 1911, p. 315.

Ich lege deswegen besonderen Nachdruck auf den s p o n t a n e n Übertritt der Keime ins Blut, da die Entstehung von Fieber nach k ü n s t l i c h e r Einverleibung von Saprophyten eine seit langem bekannte Tatsache ist, die durch die neuesten Untersuchungen über das B a k t e r i e n - A n a p h y l a t o x i n auch ihre Erklärung gefunden hat. Die A n a p h y l a t o x i n - V e r s u c h e[7] haben nämlich gezeigt, daß es mit nicht pathogenen Bakterien ebenso gelingt Meerschweinchen und Kaninchen zu vergiften oder zu töten, wie mit hochpathogenen! Die infektionsauslösende Wirkung der Parasiten gegenüber den Saprophyten läuft also schließlich darauf hinaus, daß jene sich im Organismus vermehren können, während diese keine Invasionskraft besitzen, und daher die zu einer sichtbaren Erkrankung notwendige Quantität artfremden Eiweißes nicht zu liefern vermögen. Das Antigen wird nur dann die Bildung von Antistoffen anregen, wenn es wirklich mit den lebenden Körperzellen in intimsten Kontakt kommt, d. h. wenn es in den Organismus selbst eingedrungen ist und sich in ihm weiter vermehrt.

Die neuerdings von einzelnen Autoren aufgeworfene Frage, ob «o b l i g a t e S a p r o p h y t e n i n v a s i v w e r d e n» können[8] stellt meines Erachtens eine «Contradictio in adjecto» dar; denn sobald einmal nachgewiesen ist, daß ein saprophytär wuchernder Keim penetrative Eigenschaften gewinnt, mag es auch bloß durch sein Ausschwärmen von einem zerfallenden Thrombus aus sein, so charakterisiert er sich damit eben als Parasit! Wir haben dann keinen «obligaten Saprophyten» vor uns, der «invasiv» geworden ist, sondern einen «echten Parasiten», der allerdings vielleicht bloß unter gewissen Bedingungen sich im menschlichen Organismus zu vervielfältigen befähigt ist.

Diese prinzipielle Feststellung könnte als bloßer Streit um Worte angesehen werden, wenn ihr nicht eine so große praktische Bedeutung zukäme. Unsere klinische Fragestellung hat sich nämlich neuerdings vielfach daraufhin zugespitzt: dürfen wir bei dem gerade vorliegenden Keimgehalt der Scheide

---

[7] D o l d, Das Bakterien-Anaphylatoxin und seine Bedeutung für die Infektion. Jena, 1912.

[8] B u r c k h a r d t. A. f. G., Bd. 95, 1912, p. 15 des S.-A.

operieren oder haben wir nicht bei abwartendem Verhalten größere Chancen, eine Heilung zu erzielen? Die Antwort war gewöhnlich die: bei Befund von «Saprophyten» operiere man unbesorgt, bei Anwesenheit von «Parasiten» verfahre man exspektativ! Sieht man dann aber zu, welche Keimarten von den betreffenden Autoren als solch unschuldige «Saprophyten» aufgezählt werden, so erkennt man sofort, daß da die größte Willkür herrscht!

Mit einer derartig vagen klinischen Terminologie stellen wir uns in Gegensatz zu den Grundanschauungen der bakteriologischen Forschung[9])! Ich kann Schottmüller[10]) nur beipflichten, wenn er sagt, es gehe nicht an, daß die Gynäkologie eine eigene Auffassung für feststehende biologische Begriffe schaffe! —

Wir müssen unbedingt zurückkehren zur allgemein gültigen bakteriologischen Nomenklatur, sonst kommen wir schließlich dazu, daß jeder Autor, der sich zu dieser Frage äußern will, zuerst ausführlich darlegen muß, was e r unter «Saprophyten» versteht!

Ich möchte daher mit meinen Schlußfolgerungen viel weiter gehen als z. B. Burckhardt[11]), der sich auf Grund seiner so interessanten Untersuchungsergebnisse fragt, ob wir nicht in solchen Fällen chronischer Keimaussaat von einem Venenthrombus aus von «Saprophytämie» sprechen sollten; denn wenn ein Anaerobier die Fähigkeit besitzt, sich im Körperinnern in einem Thrombus einzunisten, sich dort zu vermehren und von seiner Brutstätte aus ins Blut auszuschwärmen, Fieber zu erzeugen, kurz eine Störung des Allgemeinbefindens hervorzurufen, so ist das eben kein «unschuldiger Schmarotzer» sondern ein krankmachender, ein pathogener Keim! Mag er auf «totem Gewebe» sich angesiedelt haben oder in Lymphspalten sitzen und von dort aus vordringen, das ist für den Effekt gleichgültig; und an der Lebenden ist ja der Sitz des Infektionsherdes häufig überhaupt nicht mit Sicherheit zu entscheiden!

---

[9]) cf. Hamm, Über die Notwendigkeit des anaeroben Kulturverfahrens in Geburtshilfe und Gynäkologie. C. f. G., 1910, Nr. 52, p. 3 des S.-A.

[10]) Schottmüller, M. m. W., 1911, p. 2171.

[11]) Burckhardt, A. f. G., Bd. 95, 1912, H. 3.

Wir dürfen meines Erachtens nur diejenigen Lochialkeime als «Saprophyten» bezeichnen, von denen bisher nie mit Sicherheit der Beweis erbracht wurde, daß sie spontan in das Körperinnere vorzudringen und dort sich zu vermehren befähigt sind. Man wird erstaunt sein, zu sehen, wie wenig Keime da aus der bunten Vaginalflora für die «obligaten Saprophyten» übrig bleiben: ich rechne hierzu von den aeroben Mikroorganismen bloß die Gruppe des B. vaginalis Doederlein, die Pseudodiphtheriebazillen, Futterbazillen[12]), Sarcine und Saccharomyceten; von den anaeroben Keimen den Bac. bifidus communis Tissier[13]) und vielleicht das eine oder andere der unter Nr. 20[14]) angeführten Stäbchen.

Von allen anderen in der Scheide der Schwangeren, Kreißenden und Wöchnerinnen vorkommenden Keimen ist früher oder später ihr parasitärer Charakter erkannt worden, zuletzt allerdings bei den Anaerobiern durch Krönig und Menge, Hallé, Jeannin, Schottmüller, Burckhardt, Bondy, mich u. a. Nach dem Gesagten dürfte es sich erübrigen, die pathogene Natur der unter II, 1—20 angeführten Mikroorganismen nochmals ausführlich zu erörtern; sie alle sind penetrationsfähig, sie alle haben häufiger oder seltener Beweise für ihre Invasionskraft erbracht, sie alle können einmal «virulent» werden!

Mit dem Worte «virulent» kommen wir zu einem weiteren, häufig mißbrauchten Begriff, der ebenfalls einer endgültigen Präzisierung bedarf[15]). Es besteht vielfach die Gewohnheit, die Begriffe «virulent» und «pathogen» als gleichbedeutend anzusehen, und «avirulent» und «saprophytisch» zu identifizieren. Das ist entschieden unrationell, weil es gar leicht zur Verwirrung führen kann.

Ursprünglich bezieht sich nämlich der Ausdruck «pathogen» auf das Verhältnis einer bestimmten

---

12) cf. Sackenreiter, l. c. p. 21 des S.-A.
13) cf. Wegelius, l. c. p. 324.
14) cf. p. 97—99.
15) Ich muß gestehen, daß mir die von Sachs (Jahresk. für ärztl. Fortbildung, Juli 1911, p. 19) gegebene Definition dieser Worte nur zum Teil das Richtige zu treffen scheint!

Keimart (Streptococcus, B. Cholerae gallinarum, B. suipestifer) zu einer bestimmten Species (Mensch, Huhn, Schwein), während wir unter «Virulenz» den Grad der jeweiligen Pathogenität eines Bakterienstammes für das jeweils infizierte Individuum verstehen. Mit dem Worte «Virulenz» ist also implicite das Moment der Wechsel-beziehung zwischen Infektionserreger und infiziertem Organismus gekennzeichnet! Ein hämo-lytischer Streptococcus, den wir als «Eigenkeim» bei einer Kreißenden finden, ist deshalb, weil er hier in avirulentem Zu-stand lebt, noch kein «Saprophyt», ebensowenig wie ein Coli-bakterium, das durch Gallenstauung ins Blut gelangt und so virulent wird, plötzlich aus einem «Saprophyten» sich in einen «Parasiten» verwandelt! Ich glaube, wenn wir uns bemühen, diese Begriffe etwas klarer auseinanderzuhalten, dann werden so anfechtbare Thesen, wie sie z. B. Fromme[16]) in seiner Wochenbettspathologie aufgestellt hat, von vornherein undenk-bar sein.

Wie ich[17]) schon früher hervorzuheben Gelegenheit hatte, können wir eine Antwort auf die Frage nach der Virulenz eines Keimes nur von einer Methode erwarten, die den Virulenzgrad des vorliegenden Infektionserregers für den gerade befallenen Organismus zu ermitteln gestattet. Wenn schon rein technisch, wie ich[18]) als erster beweisen konnte, dem Frommeschen Verfahren mehrere nicht unbedenkliche Fehler anhafteten, so war besonders der ganze Gedanke einer derartigen Virulenzbestimmung ein prinzipiell verfehlter; und in der Tat haben ja die Nachprüfungen von Sachs[19]), Walthard und Traugott[20]), Thaler[21]), Bürgers[22]), Gold-

---

[16]) Fromme, l. c. p. 86: «Erst der positive Ausfall der von mir gefundenen Reaktionen kann die Pathogenität eines Streptococcus erweisen!!»

[17]) Hamm und Jacquin, Über die Artenunterscheidung haemoly-tischer Streptokokken mittels Lecithinbouillon. A. f. G., Bd. 91, 1910, p. 561.

[18]) Hamm, Bemerkungen zu Frommes Differenzierungsverfahren der Streptokokken mittels Lecithinbouillon. C. f. G., 1910, Nr. 8, p. 278.

[19]) Sachs, C. f. G., 1910, p. 597.

[20]) Walthard und Traugott, Z. f. G. G., Bd. 66, 1910, p. 331.

[21]) Thaler, W. kl. W., 1910, p. 468.

[22]) Bürgers, C. f. G., 1910, p. 602.

s c h m i d t[23]), F r a n z[24]), H a m m und J a c q u i n[25]), K o c h[26]), R e i b m a y r[27]) u. a. durchweg zu demselben ablehnenden Resultat der F r o m m e schen Methode geführt. Eine Bestätigung der F r o m m e schen Angaben ist meines Wissens überhaupt von keiner Seite mitgeteilt worden!

Ein theoretisch wohl begründetes und auch praktisch zuverlässigere Resultate lieferndes Verfahren zur Virulenzbestimmung hat B ü r g e r s[28]) angegeben; völlig unabhängig von B ü r g e r s kam M e s s e r s c h m i d t[29]) am hiesigen hygienischen Institut zu der gleichen Technik. Wie jedoch meine gemeinschaftlich mit V o s s e l m a n n[30]) vorgenommenen Nachprüfungen dieser Methodik ergeben haben, liefert uns auch die B ü r g e r s - M e s s e r s c h m i d t sche Virulenzbestimmung, die theoretisch entschieden hohes Interesse verdient und uns manche sehr interessante Vorgänge bei der Infektion recht anschaulich erkennen läßt, keine so markanten Resultate, daß wir unsere Therapie auf der gefundenen « V i r u l e n z - z a h l » aufbauen dürften.

V o s s e l m a n n schloß seine damalige Abhandlung mit dem Satze: «Es wird auch der B ü r g e r s schen Methode nicht vergönnt sein, die k l i n i s c h e B e o b a c h t u n g als bestes Erkennungsmittel des Zustandes puerperal Erkrankter zu ersetzen». Ich fürchte, daß diese Schlußfolgerung nicht nur für die B ü r g e r s sche, sondern auch für ähnliche bakteriologische Methoden noch lange zu Recht bestehen wird, aus dem einfachen Grunde, weil die Vorgänge bei jeder Infektion, besonders aber bei der Streptokokken-Infektion so komplizierte sind und von so vielen variablen Faktoren, nicht nur im infizierten Organismus, sondern auch beim Infektionserreger selbst abhängen, daß ich mir einstweilen nicht denken kann, wie ein Laboratoriumsexperiment diesen unberechenbaren Komplex der Infektion einigermaßen zuverlässig nachahmen sollte.

---

[23]) G o l d s c h m i d t, A. f. G., Bd. 93, 1910, p. 285.
[24]) F r a n z, M. f. G. G., Bd. 32, p. 287.
[25]) H a m m und J a c q u i n, A. f. G., Bd. 91, 1910. p. 561.
[26]) K o c h, C. f. G., 1910, p. 1422.
[27]) R e i b m a y r, A. f. G., Bd. 92, p. 743.
[28]) B ü r g e r s, C. f. G., 1910, p. 602.
[29]) M e s s e r s c h m i d t, Inaug.-Diss., Straßburg. 1910.
[30]) V o s s e l m a n n, Inaug.-Diss., Straßburg, 1911.

Vorläufig wissen wir bloß, daß die in der Scheide gesunder Schwangerer lebenden und sich vermehrenden Keime zum größten Teil zu den «pathogenen Mikroorganismen» gehören und daß sie demgemäß unter gewissen Bedingungen für ihre Trägerin virulent werden können; wir müssen also die von A h l f e l d [31]) seinerzeit aufgestellte These, daß «nicht virulente, in der Scheide befindliche Streptokokken durch Veränderung ihrer Ernährungsweise im mortifizierenden Gewebe und in stagnierenden Gewebssäften virulent werden können», heute durchaus anerkennen. Aber wir müssen uns davor hüten, dieses «V i r u l e n t w e r d e n» ohne weiteres mit dem «H ä m o - l y t i s c h w e r d e n» zu identifizieren; denn, wie wir früher gezeigt haben, ist die Hämolyse ja nichts weiter als eine variable, fermentative Lebensäußerung der Streptokokken, die allerdings erfahrungsgemäß besonders intensiv dann in die Erscheinung tritt, wenn die Keime sich in günstigen Wachstumsverhältnissen befinden, d. h. wenn sie sich möglichst rasch vermehren.

Und insofern mag in der Tat eine gewisse Korrelation zwischen «Virulenz» und «Hämolyse» bestehen, als diejenigen Streptokokkenkulturen, die von dem größten hämolytischen Hof umgeben sind, auch am schnellsten sichtbar werden und zu den größten Kolonien heranwachsen. Wenn es also angängig ist, die Schnelligkeit des Wachstums der Streptokokken auf der S c h o t t m ü l l e r schen Blutagarplatte als Abbild der schnelleren oder langsameren Vermehrungsfähigkeit der Streptokokken im menschlichen Organismus anzusehen — was nach den klinischen Erfahrungen ja der Fall zu sein scheint, aber erst noch exakt zu beweisen wäre! — dann hätten wir allerdings i n d e r W a c h s t u m s s c h n e l l i g k e i t der Streptokokkenkolonien e i n e n g e w i s s e n G r a d m e s s e r f ü r d e r e n V i r u l e n z.

Obwohl bereits C h a u v e a u [32]) auf die hohe Bedeutung der eingebrachten Keimmenge für die Schwere der Infektion aufmerksam gemacht hatte, suchte man später die Virulenz der Keime hauptsächlich mit den von den Bakterien abgesonderten Giften (Aggressine, Toxine, Endotoxine) in Zusammenhang zu

---

[31]) A h l f e l d, Über den heutigen Stand der Puerperalfieberfrage. Berl. klin. Wochenschr., 1895, p. 925; These Nr. 6.

[32]) C h a u v e a u, Compt. rend. Acad. des Sciences, 1880.

bringen. Erst die neuesten Untersuchungen F r i e d b e r g e r s und seiner Mitarbeiter[33]) haben durch die Entdeckung des Bakterien-Anaphylatoxins die Wichtigkeit der rein quantitativen Keimvermehrung im Organismus wieder betont, ja sie gehen sogar so weit zu behaupten, «daß es eine überflüssige Hypothese zu sein scheint, den v i r u l e n t e n Bakterien (abgesehen von den echte Toxine bildenden Bakterien) außer der Fähigkeit im Wirtskörper sich zu vermehren, noch das Vermögen besonderer Giftbildung zuzuschreiben».

Wenn wir so berechtigt sind, die V i r u l e n z eines Keimes mit dessen W a c h s t u m s s c h n e l l i g k e i t in Zusammenhang zu bringen, so erklärt uns das auch, warum ein im Scheidensekret i n R e i n k u l t u r angetroffener Stamm im allgemeinen virulenter ist, als wenn er sich dort in Mischkultur vorfindet. Durch sein besonders schnelles Wachstum wuchert nämlich der «virulente» Keim so üppig, daß er alle anderen Arten aus seiner Umgebung verdrängt: die rein empirisch festgestellte Tatsache, daß bei der Anwesenheit eines Keimes in Reinkultur im Scheidensekret (Z a n g e m e i s t e r, H a m m)[34]), diesem eine gesteigerte Virulenz zuzuerkennen ist, erscheint mir also auch theoretisch durchaus begründet. Ich hebe das besonders hervor gegenüber den Angaben französischer Autoren[35]), die im Bestehen einer Mischinfektion ohne weiteres einen Ansporn zur Virulenzsteigerung erblicken wollen.

Wir kommen somit zu dem Schluß, daß die W a c h s - t u m s s c h n e l l i g k e i t eines Keimes sowie dessen A n - w e s e n h e i t i n R e i n k u l t u r v o r l ä u f i g d i e e i n - z i g e n M e r k m a l e darstellen, die uns gestatten, aus dem «Reagenzglasversuch» auf eine gewisse Virulenz eines Bakterienstammes zu schließen.

Daß unter den verschiedenen pathogenen Keimarten die Streptokokken im allgemeinen für die Wundinfektion des Menschen am virulentesten sind, hat die Erfahrung gezeigt; aber

---

[33]) cf. D o l d, Das Bakterienanaphylatoxin. 1912.

[34]) cf. H. L e v y, Inaug.-Diss., Straßburg, 1912. p. 50.

[35]) cf. J e a n n i n, Thèse de Paris, 1902. p. 148: «Chaque bacille anaérobie renforce sa propre virulence, en s'associant à d'autres espèces aérobies ou anaérobies».

auch die anderen pathogenen Mikroorganismen können eine so gesteigerte Virulenz erlangen, daß sie zu schwerer Erkrankung und zum Tode führen. Mehr läßt sich über die V i r u l e n z vorläufig wohl nicht aussagen!

IV. Begünstigende Momente für die Entstehung der puerperalen Wundinfektion.

Nun hängt aber das Zustandekommen einer Wundinfektion nicht bloß ab von der primären Virulenz der auf die frische Wunde gebrachten Infektionserreger, sondern ebensosehr von der Disposition des befallenen Organismus, und zwar müssen wir eine a l l g e m e i n e und eine l o k a l e D i s p o s i t i o n unterscheiden!

Für die Entstehung von Wundfieber allgemein disponierend wirken all die in der vorbakteriologischen Ära für sich allein schon für das Auftreten von Fieber verantwortlich gemachten Faktoren: Inanition, starke Abkühlung, große Blutverluste[1]), Diabetes, Nephritis, kurz Momente, die die Widerstandskraft des Organismus herabsetzen. Daß bei unseren Kreißenden und Wöchnerinnen häufig derartige allgemein disponierende Momente vorliegen, bedarf wohl keiner weiteren Erörterung.

Viel strittiger und, soweit ich mich in der Literatur orientieren konnte, bisher überhaupt nicht näher erörtert, dürfte die, bloß von L e n h a r t z[2]) kurz gestreifte Frage sein, ob nicht durch die beim Geburtsakt sich abspielenden physikalischen und chemischen Konstitutionsveränderungen eine s p e z i f i s c h e p u e r p e r a l e A l l g e m e i n d i s p o s i t i o n geschaffen wird?

Ich meine, daß z. B. die schweren Puerperalfieberfälle, die auf metastatischem Wege entstehen, einem einen derartigen Gedanken eigentlich nahelegen müssen!

---

[1]) cf. die Versuche von F. G ä r t n e r, Zur Aufklärung der sog. Prädisposition durch Impfversuche. Beitr. zur path. Anatomie, Bd. 9, 1891.

[2]) L e n h a r t z, Die septischen Erkrankungen in Nothnagels Handb., Bd. III, 2, 1903.

Die Tatsache, daß Kreißende für Scharlach, Erysipel, Diphtherie usw. besonders empfänglich sind, ließe sich ja durchaus hinreichend erklären durch die Disposition lokaler Natur, nämlich das Entstehen der zahlreichen frischen Wunden beim Geburtsakt; aber genügt diese lokale Disposition auch ohne weiteres, um uns verständlich zu machen, warum die Angina bei einer Schwangeren so gerne einen bösartigen Verlauf nimmt, wenn die Schwangere bei noch bestehendem Entzündungsprozeß niederkommt? Warum wird eine während der Gravidität latent bleibende Tuberkulose zuweilen erst durch die Geburt florid, wo doch im Wochenbett keine erhöhten Ansprüche mehr an den Organismus gestellt werden? Warum führt ein durchaus gutartig aussehender Rückenfurunkel oder ein Panaritium zur akuten Sepsis, warum verläuft die croupöse Pneumonie so häufig tötlich, wenn im Verlaufe der Krankheit die Geburt eintritt?

Spielt da der Geburtsakt bloß die Rolle des Traumas im Sinne der Experimente, die z. B. zur Erklärung des Auftretens von Osteomyelitis angestellt wurden[3]), oder müssen wir nicht vielmehr annehmen, daß die erhöhte Disposition der Wöchnerin zur Verallgemeinerung einer vorher lokalen Infektion auf einer durch den Geburtsakt bedingten H e r a b s e t z u n g   d e r   n a t ü r l i c h e n   B a k t e r i e n r e s i s t e n z[4]) des ganzen Organismus beruht?

Ein derartiges Verhalten wäre ja vom teleologischen Standpunkte aus schwer zu begreifen; dennoch scheinen die vorliegenden Tatsachen mehr für eine herabgesetzte als für eine gesteigerte Bakterienresistenz der Kreißenden zu sprechen!

Ob sich diese interessante Frage, der besonders auch für die Entstehung der endogenen Infektion eine nicht zu unterschätzende Bedeutung zukommt, wohl einmal experimentell beleuchten ließe? —

Aber auch die Bedeutung der « l o k a l e n   D i s p o s i t i o n » scheint mir bisher nicht genügend gewürdigt zu sein. Und doch haben wir sowohl bei vorzeitiger Unterbrechung der Schwangerschaft wie bei der reifen Geburt, wie schließlich

<hr>

[3]) cf. L e x e r, Zur experimentellen Erzeugung osteomyelitischer Herde. Arch. für klin. Chir. .Bd. 48, 1894.

[4]) cf. K r e h l, Pathologische Physiologie, 1910, p. 230 ff.

im Wochenbett eine ganze Reihe von Faktoren, die für den Eintritt einer Infektion sicher gar nicht so selten d i r e k t a u s s c h l a g g e b e n d sind, und die deshalb eine zusammenhängende Betrachtung wohl verdienen [5])!

Wie ich bereits früher einmal hervorzuheben Gelegenheit hatte [6]), kann eine lokale Disposition des Gewebes entweder dadurch eintreten, d a ß d i e G e w e b s z e l l e n s o a n L e b e n s f ä h i g k e i t e i n g e b ü ß t h a b e n, d a ß s i e, a n s t a t t d e m E i n d r i n g e n d e r M i k r o o r g a n i s - m e n e i n e n W i d e r s t a n d e n t g e g e n z u s t e l l e n, e i n e n g ü n s t i g e n N ä h r b o d e n f ü r d i e s e a b g e - b e n, o d e r a b e r d a d u r c h, d a ß d u r c h A u f t r e t e n v o n L ü c k e n i m n o r m a l e n Z u s a m m e n h a n g d e r G e w e b e d i r e k t e E i n b r u c h s s t e l l e n f ü r d i e I n f e k t i o n s e r r e g e r g e s c h a f f e n w e r d e n; natürlich können diese beiden Momente auch einmal zusammen vorliegen!

Ein klassisches Beispiel «l o k a l e r D i s p o s i t i o n» finden wir zunächst bei vorzeitiger Unterbrechung der Schwangerschaft in r e t i n i e r t e n A b o r t r e s t e n. Wie H e l l e n d a l l (p. 8) [7]) als ·erster systematisch nachweisen konnte, bleibt in keinem Fall von protrahiertem Abort der Uterus auf die Dauer keimfrei. Selbst wenn keinerlei Untersuchung stattgefunden hat, gelangen durch Flächenwachstum die Keime der Scheide oder auch der Vulva allmählich in die Uterushöhle hinauf und finden dort auf den nur noch unvollkommen ernährten und zum Teil schon im Absterben begriffenen Eiresten den besten Nährboden zu üppiger Vermehrung.

---

[5]) Ich möchte hier an die Worte des Chirurgen F r i e d r i c h (Arch. für klin. Chir., Bd. 59, 1899, p. 470) erinnern, der schon 1899 hervorhob: «Es ist eine den neueren (experimentellen) Untersuchungen über Wundinfektion vielfach anhaftende Einseitigkeit, daß sie die m e c h a n i s c h e n F a k t o r e n am Orte der Verletzung (der Infektion) nicht in dem ihnen gebührenden Maße ausgebeutet und daß sie das Hauptgewicht immer wieder auf die p o s i t i v e I n f e k t i o n s k r a f t d e s i n f i z i e r e n d e n M a - t e r i a l s gelegt haben, d. h. daß d i e m e c h a n i s c h e n V e r h ä l t - n i s s e d e r W u n d e n selbst nicht die den Bakterien zu Teil gewordene Berücksichtigung fanden».

[6]) B l u m e n t h a l und H a m m, Mitt. a. d. Grenzgeb., Bd. 18, 1908, p. 668.

[7]) H e l l e n d a l l, Bakteriologische Beiträge zur puerperalen Wundinfektion, I; Hegars Beiträge, Bd. 10, 1906, p. 1.

Ein Vergleich des Bakterienbefundes bei fieberhaften und nicht fiebernden Fällen ergab H e l l e n d a l l (p. 11) ebenso wie mir[8]) (Tabelle 2) die bemerkenswerte Tatsache, daß der bakteriologische Befund allein durchaus nicht anzuzeigen vermag, ob es sich in einem gegebenen Fall um einen febrilen oder afebrilen Abort handelt. Zum Auftreten von allgemeinen Infektionserscheinungen bedarf es mithin noch besonderer infektionsbegünstigender Momente und diese werden wir eben, zum Teil wenigstens, in der Anordnung des anatomischen Substrats zu suchen haben, in das die pathogenen Keime sich einzunisten vermögen.

H e l l e n d a l l (p. 18) hat gezeigt, daß die spontane A s c e n s i o n   d e r   K e i m e   b e i m   A b o r t   a n   d i e   A n - w e s e n h e i t   r e t i n i e r t e r   t o t e r   M a s s e n   i m   U t e - r u s   g e b u n d e n ist. Beim spontan eingetretenen Abort, bei dem das Ei in toto ausgestoßen wurde, wird es daher überhaupt nicht zur Infektion kommen. Aber auch in vielen Fällen von Abortus imperfectus wird, vorausgesetzt, daß es sich nicht um manuelle oder instrumentelle Keimverschleppung handelt, eine Infektion der Mutter nicht eintreten, selbst wenn im Momente der Ausräumung die zurückgebliebenen Eireste mit pathogenen Bakterien dicht durchsetzt gefunden werden sollten, weil bis zu der Zeit, wo die Keime an den herabhängenden Blutkoagulis oder Eihautfetzen zur Eiinsertionsstelle hinaufgelangt sind, sich dort bereits ein so dichter Demarkationswall ausgebildet hat, daß ein Eindringen der Infektionserreger in die Uteruswand selbst ausgeschlossen ist. In anderen Fällen hingegen, wo dieser Schutzwall noch nicht lückenlos aufgerichtet ist, wird der keimdurchsetzte Abortrest als « R e s e r v o i r » funktionieren, von dem aus die in den mütterlichen Organismus ziehenden Infektionsleitungen (Saftspalten, Blut- und Lymphgefäße) unaufhörlich gespeist werden.

Es ist selbstverständlich, daß diese Leitungsbahnen zwischen Frucht und Fruchtträger um so ausgiebiger funktionieren werden, je fester und natürlicher das Ei mit der Uteruswand noch im Kontakt steht. Es wird also nach Infektion der Eihöhle beim Abortus i m m i n e n s viel wahrscheinlicher und zu viel

---

[8]) H a m m. Können wir bei der Behandlung des fieberhaften Aborts eine «bakteriologische Indikation» anerkennen? M. m. W., 1912, p. 867.

schwereren allgemeinen Infektionserscheinungen kommen, als beim Abortus imperfectus! Einen positiven Blutbefund bei Frauen mit fieberhaftem Abort werden wir daher besonders häufig in solchen Fällen finden, wo der Placentarkreislauf noch erhalten ist, wo das infizierte Ei noch in toto in der Uterushöhle geborgen liegt.

Dazu kommt, daß die Infektion der Fruchthöhle bei geschlossenem Cervikalkanal meist eine artifizielle ist und daß somit die Keime, mögen sie exogener oder endogener Herkunft sein, nicht durch Flächenwachstum, sondern explosionsartig in der Eihöhle sich verbreiten, so daß sie dann gleich von einer großen Oberfläche aus und in unzähligen Mengen in den völlig unvorbereiteten Organismus vordringen. Der neuerdings von Winter[9] und Walthard[10] vertretene exspektative Standpunkt bei der Behandlung des fieberhaften Abortes, der die besonders durch Fehling[11] in Deutschland eingeführte aktive Abortbehandlung zu verdrängen sucht, ist daher vom rein theoretischen Standpunkt aus nur schwer verständlich.

Und in der Tat scheint auch die praktische Erfahrung, wie ich[12] neben mehreren anderen Autoren an einem großen Materiale zeigen konnte, gegen eine derartige abwartende Therapie zu sprechen. Betrachten wir den Infektionsprozeß beim fieberhaften Abort vom Standpunkt der lokalen Disposition aus, so erkennen wir sofort, warum wir hier fast immer Bakterien im Blute nachweisen können und warum es so häufig Keime sind, die sonst wegen ihres geringeren Penetrationsvermögens viel seltener im Blute gefunden werden. In dem abgestorbenen Gewebe des verletzten Eis vermögen sich eben auch weniger invasionsfähige Mikroorganismen (B. coli, Anaerobier) massenhaft zu vermehren; sie wachsen hier, von den bactericiden Kräften des leben-

---

[9] Winter, Zur Prognose und Behandlung des septischen Abortes. C. f. G. ,1911, p. 569.

[10] Walthard, s. bei Traugott, Zur Frage der Bakteriologie und der lokalen Behandlung des fiebernden Aborts. Z. f. G. G., Bd. 68, 1911, p. 328.

[11] Fehling, Über die Behandlung der Fehlgeburt. A. f. G., Bd. 13, 1878, p. 222.

[12] Hamm, M. m. W., 1912, p. 867.

den Organismus unbeeinflußt, ins Ungemessene und brechen nun auf den ihnen offenstehenden Straßen milliardenweise in den mütterlichen Organismus ein. So ersetzen sie durch ihre Menge, was ihnen an spezifischer Giftigkeit abgeht und erzeugen die schwersten Krankheitsbilder. Wird aber ihre Brutstätte zerstört, wird der Infektionsherd ausgeräumt, so genügt dieser Eingriff meist, um dem Organismus den Sieg über die noch im Körper zurückbleibenden Infektionserreger zu sichern.

Die Schnelligkeit, mit der der Infektionskampf nun zugunsten des Organismus beendigt sein wird, hängt einmal ab von der Virulenz der Keime, zum zweiten aber davon, ob die vom Uterus aus in den Körper invadierten Keime bereits Gelegenheit gefunden haben, sich in anderen Organen einzunisten, mit anderen Worten, ob sich bereits eine Lokalisation der Entzündung in der Nähe des Uterus oder gar Metastasen ausgebildet haben.

Nach unseren obigen Ausführungen über das Penetrationsvermögen und die Neigung der verschiedenen Mikroorganismen zur Metastasenbildung ist es selbstverständlich, daß wir beim hämolytischen Streptococcus und beim Staphylococcus viel häufiger mit derartigen Vorkommnissen rechnen müssen als bei Colibakterien und den anderen früher als «Saprophyten» bezeichneten Keimen. Aber jedenfalls werden wir eine sekundäre Lokalisation im Organismus auch bei den sehr penetrationsfähigen Keimen dadurch am ehesten verhindern, daß wir ihre Brutstätte möglichst schnell, dabei aber natürlich auch möglichst schonend beseitigen.

Handelt es sich um hochvirulente Keime, so werden wir ebenso wie der Chirurg bei Stichverletzungen, auch beim Abort selbst mit der aktivsten Therapie oft zu spät kommen [13]; daß wir aber durch abwartendes Verhalten derartige Fälle retten würden, läßt sich kaum denken. Die Deduktionen von Winter und Walthard beruhen eben auf der falschen Voraussetzung, daß bestimmte Keime bei einem be-

---

[13] Koblanck, Z. f. G. G., Bd. 70, 1912, p. 348, sagt recht zutreffend im Hinblick auf derartige Fälle: «Wie man es macht, ist es falsch». Bloß hätte er statt «beim Vorhandensein von hämolytischen Keimen» setzen müssen «beim Vorhandensein von virulenten Keimen»!

stimmten Wachstumstypus a priori als «virulent» angesehen werden müssen! —

Andererseits wird uns vom Standpunkt der «l o k a l e n D i s p o s i t i o n» aus auch klar, warum man früher das Fieber beim infizierten Abort nicht als «Infektionsfieber» sondern als reines «I n t o x i k a t i o n s f i e b e r» angesehen hat. Haben wir doch gerade beim fieberhaften Abort am häufigsten die Verhältnisse, wie sie D u n c a n[14]) zu jener klassischen Darstellung veranlaßt haben: «Sapraemia is kept up by a continuous supply of the poison. It disappears when the supply from withaut is stopped. T o s t o p t h e s u p p l y i s t h e p r o b l e m o f c u r e!» Von D u n c a n bis B u m m finden wir immer und immer wieder die schnelle Entfieberung bei vorher schwer «vergiftet» aussehenden Frauen nach gründlicher Beseitigung der abgestorbenen, putriden Eireste als Beweis für die rein «toxische» Natur der «Blutfäulnis», der «S a p r ä m i e» angeführt.

Warum man gerade beim Abort so häufig nach Ausräumung der Bakterienbrutstätte eine so schnelle Restitutio ad integrum eintreten sieht, daß man früher an eine rein putride Intoxikation dachte, dürfte darin begründet sein, daß, wie auch B u m m[15]) neulich hervorhob, beim abortierenden Uterus im Gegensatz zum Uterus nach reifer Geburt n u r k l e i n e G e - f ä ß e vorhanden sind mit geringer Neigung zur Thrombenbildung in dem noch wenig entwickelten Venennetz und daß, worauf ich nicht weniger Gewicht legen möchte, in den früheren Graviditätsmonaten das ganze Gewebe des Gebärmuskels noch n i c h t s o a u f g e l o c k e r t und saftreich ist, wie am Ende der Schwangerschaft. Beim abortierenden Uterus sind somit den Infektionserregern viel weniger günstige B e - d i n g u n g e n z u r p r i m ä r e n L o k a l i s a t i o n in der Uteruswand und den von ihr ausgehenden Blut- und Lymphwegen gegeben als später!

Die heute wohl allgemein anerkannte Tatsache, daß wir bei geeigneter Methodik i m B l u t e fieberhafter Aborte v o r der Ausräumung der Uterushöhle fast ausnahmlos K e i m e nachweisen können — die Vorstellung, daß die Keime immer erst

---

[14]) D u n c a n. The Lancet, 1880, p. 685.
[15]) B u m m. Z. f. G. G., Bd. 70, 1912, p. 351.

durch die Ausräumung in die Blutbahnen «hineinmassiert» werden, ist durchaus unzutreffend! — dürfte somit der Saprämielehre auch ihre letzte und kräftigste Stütze entzogen haben!

Ebenso wie das Fieber beim Abort, müssen wir auch das F i e b e r   i n   d e r   G e b u r t als echtes «I n f e k t i o n s - f i e b e r» ansehen. Auch hier spielt das Moment der «l o k a l e n   D i s p o s i t i o n» eine ausschlaggebende Rolle derart, daß im Fruchtwasser, den Eihüllen und eventuell im Foetus den Infektionserregern eine besonders günstige Gelegenheit zur Anreicherung und zum Auschwärmen in den mütterlichen Organismus geboten wird.

Wir haben eingangs schon erwähnt, daß selbst K r ö n i g [16], obwohl er als erster außer «saprogenen» Keimen auch «pyogene Kokken (Staphylokokken, Streptokokken)» als Infektionserreger im Fruchtwasser nachweisen konnte, das Fieber in der Geburt auffaßte als reines «I n t o x i k a t i o n s f i e b e r», bedingt durch die in den mütterlichen Organismus übergetretenen Bakterienproteine. K r ö n i g [17] hält es zwar für «denkbar, daß bei dem innigen Zusammenhang zwischen Mutter und Kind, doch schließlich von dem toten Kinde, «dem m ä c h - t i g e n   B a k t e r i e n d e p o t (!)» aus, durch die Placenta eine retrograde Infektion der Mutter erfolgte, aber es fehlen ihm sichere Beweise hierfür, so daß er den Temperaturabfall nach der Geburt lediglich als Folge der Ausschaltung des primären I n t o x i k a t i o n s h e r d e s (p. 145) ansieht. Konsequenterweise dehnt K r ö n i g (p. 295) den Begriff der Saprämie nicht bloß auf die Resorption von Fäulnisprodukten «saprogener» Bakterien, sondern auch auf die Resorption von Stoffwechselprodukten «pyogener» Keime aus und hält überhaupt die von T a v e l dafür vorgeschlagene Bezeichnung « T o x i - n ä m i e » für zutreffender.

Heute wissen wir, daß auch beim Fieber in der Geburt nicht nur die in der Fruchthöhle aufgespeicherten Toxine, sondern ebenso schnell die I n f e k t i o n s e r r e g e r   s e l b s t i n s   B l u t übergehen [18]. Wir werden also bei unserer The-

---

<hr>

[16] K r ö n i g, Bakteriologie des weiblichen Genitalkanals. 1897, p. 135 bis 186.

[17] K r ö n i g, l. c. p. 186.

[18] cf. Fall S., p. 50, sowie Fall D., p. 88.

rapie nicht nur die momentanen Intoxikationserscheinungen zu berücksichtigen haben, sondern vor allem darauf bedacht sein, wie wir den in der Fruchthöhle enthaltenen **primären Infektionsherd** behandeln müssen, um das Absterben des Kindes und eine fortschreitende Infektion der Mutter möglichst zu vermeiden; darüber nachher (im VI. Teile) noch ein Wort!

Ich möchte nicht unterlassen, hier noch kurz auf einen **extragenitalen Infektionsherd** hinzuweisen, der, wenn man nur systematisch darauf achtet, gar nicht so selten als Ursache des Fiebers in der Geburt eruiert werden kann. Die Häufigkeit der **Pyelo-Cystitis** der Schwangeren ist zu bekannt, als daß ich länger auf sie einzugehen brauchte; hingegen scheint mir die Gefahr der spontanen, besonders aber der artifiziellen endogenen Infektion bei bestehender Harninfektion bisher nicht genügend gewürdigt zu sein. Ich erwähne diesen Punkt hier in diesem Zusammenhang; denn wenn auch die «**Harninfektion**» nicht direkt als «lokale Disposition» des Geburtskanals aufgefaßt werden kann, sondern vielmehr der Virulenzsteigerung der mit dem Urin in großer Menge in den Genitalschlauch invadierenden Infektionserreger ihre Bedeutung verdankt, so gehört sie doch entschieden zu den «**begünstigenden Momenten** für die Entstehung der puerperalen Wundinfektion». Im einzelnen Falle wird es natürlich oft schwer sein zu entscheiden, ob das Fieber mehr durch ein Wiederaufflackern der Infektion des Harnapparates oder mehr durch diejenige des Genitalapparates bedingt ist!

Aus der großen Reihe derartiger in den letzten Jahren an hiesiger Klinik beobachteter Fälle (**Fehling**[19]), **Blumenthal** und **Hamm**[20]), möchte ich hier bloß einen erwähnen, der eine gewisse Ähnlichkeit mit einem von **Semon**[21]) neulich veröffentlichten Fall hat und mir zur Illustrierung des Gesagten recht geeignet erscheint; leider geht **Semon** auf die eventuelle Bedeutung der intra partum nachgewiesenen Pyelitis mit keinem Worte ein.

---

[19]) **Fehling**, Über Coli-Infektionen. M. m. W., 1907, Nr. 27.
[20]) **Blumenthal** und **Hamm**, Mitteil. a. d. Grenzgeb., Bd. 18, 1908, p. 642.
[21]) **Semon**, M. f. G. G., Bd. 33, 1911, p. 152.

Frau J., 33 Jahre. III. Geburt. Gyn.-J. Nr. 163, 1907. Seit 2 Monaten vom Hausarzte wegen Schwangerschaftspyelitis und Cystitis behandelt. Vor 2 Tagen angeblich spontaner Fruchtwasserabgang, deshalb legte tags darauf der Hausarzt gestern zur Einleitung der Geburt einen Metreurynter ein, den er bis heute viermal wechselte. Da immer noch keine Wehen auftreten, zieht der Kollege die Poliklinik zu Rate: 28. III. 1907. Gravidität E IX, R. Nierengegend stark druckempfindlich, Urin eiterhaltig, kulturell Mischkultur von Staphylokokken und Streptokokken. Kein Fieber, Puls 100. Wir warten zunächst ab, in der Nacht tritt ein Schüttelfrost auf, am nächsten Tage ist aber die Temperatur völlig normal, in der Nacht nochmals heftiger Frost, darnach spontaner Eintritt der Geburt in ca. 4stündiger Wehentätigkeit. Schon wenige Stunden post partum stellen sich Erscheinungen schwerer Infektion ein: kleiner, jagender Puls 120—140, Erbrechen, absolute Schlaflosigkeit, heftiger Kopfschmerz, Temperatur 2 Tage zwischen 35° und 35,4°.

Am 3. Wochenbettstag Aufnahme in die Klinik. Rascher Temperaturanstieg auf 41,8°. Schmerzen im Genick. Delirien. Febris continua über 39° bis zum 6. Tag, wo der Tod eintritt. Blut am 5. und 6. Tag (je 10 ccm zu Agargußplatte) steril! Bei der Autopsie findet sich ein Uterusabsceß, exsudative Peritonitis, eiterige Meningitis, Cystitis und beiderseitige Pyelitis. In allen Entzündungsprodukten Mischkultur von Staphylokokken und Streptokokken.

Nicht zuletzt läßt sich im Wochenbett eine ganze Anzahl lokaler Dispositionsmomente nachweisen. Es unterliegt keinem Zweifel, daß im Scheidengrunde oder im Uterus lagernde Blutkoagula[22]), retinierte Eihautfetzen und Placentarstücke, ausgedehnte, in Nekrose übergehende Quetschwunden, Haematome der Muttermundslippen und der Scheide den auf sie gelangenden Bakterien, «saprogenen» wie «pyogenen», aeroben wie anaeroben, einen ausgezeichneten Nährboden abgeben. Wie schnell die Keime von diesen Brutstätten aus in den Organismus vordringen, wird, wie ich das oben beim Abort auseinandergesetzt habe, einmal abhängen von ihrem spezifischen Penetrationsvermögen, dann aber auch von der Ausdehnung der Kommunikationen zwischen abgestorbenem, infiziertem Material und lebendem Gewebe.

Da die Verbindung der Uteruswand mit Blutkoagulis und Eihautfetzen immer eine lockere ist, so treten diese beiden Faktoren als infektionsbegünstigendes Moment von vornherein sehr in den Hintergrund. Retinierte Placentarstücke werden im

---

[22]) Zweifel, Verhandl. der Ges. D. Naturf. u. Ärzte in Meran, 1905, Bd. 1, p. 2.

allgemeinen erst dann von dem aus der Scheide ins Uteruscavum hinaufwachsenden Bakterienrasen erreicht, wenn sich an ihrer Basis ein schützender Demarkationswall ausgebildet hat; die Infektionsgefahr für den Organismus wird hier also meist erst bei der Ausräumung manifest. Immerhin kann auch vom unberührten Placentarrest aus eine schwere Infektion des Organismus ausgelöst werden.

Derartige Fälle p r i n z i p i e l l a b w a r t e n d zu behandeln, scheint uns ebenso irrationell wie die exspektative Behandlung des fieberhaften Aborts. Solange wir keine Methode besitzen, um die jeweilige «Virulenz» der Infektion zu bestimmen, f e h l t uns j e g l i c h e w i s s e n s c h a f t l i c h e G r u n d l a g e zur Bewertung einer auf «bakteriologischer Indikation» aufgebauten Therapie.

Eine ähnliche Bedeutung wie retinierten Placentarstücken müssen wir nekrotisierenden Myomen der Uteruswand zuerkennen; auch hier wird bloß eine möglichst ausgiebige Entfernung des Jaucheherdes Heilung bringen[28]).

Als weitere Brutstätten für die floride Entwicklung von Infektionserregern im Wochenbett kommen die T h r o m b e n d e r P l a c e n t a r s t e l l e in Betracht. Es ist sicher kein Zufall, daß die meisten Allgemeininfektionen, die durch die bisher fälschlich als «Saprophyten» bezeichneten Mikroorganismen hervorgerufen werden, pyämischer Natur sind. Derartige weniger invasiven Keime (B. coli, Anaerobier, F r o m m e s «saprophytäre» hämolytische Streptokokken) vermögen im allgemeinen nicht von der Uteruswand aus auf dem Wege der Saftspalten in das Körperinnere hineinzuwachsen, offenbar weil sie in geringer Menge von den lebenden Körperzellen sofort abgetötet werden («l o k a l e R e s i s t e n z d e s l e b e n d e n G e w e b e s»); hingegen entwickeln sie sich auf dem toten Material der Gefäßthromben ungestört und unbeschränkt, bis sie gelegentlich des Abbröckelns eines mit Keimen durchsetzten Thrombenstückchens plötzlich in großer Menge in den Blutstrom gelangen und so zu einer heftigen Reaktion des ganzen Organismus Veranlassung geben.

---

[28]) cf. F e h l i n g, Operative Geburtshilfe der Praxis und Klinik, II. Aufl., 1912, p. 149.

In anderen Fällen scheinen sie sogar von den Thromben aus dauernd in die Blutbahn hineinzuwachsen und ganz eigenartige Krankheitsbilder zu erzeugen[24]. Bei diesen Fällen Burckhardts von chronischer Bakteriämie, ausgehend von infizierten Venenthrombosen und zu keiner weiteren Lokalisation der Entzündung führend, müssen wir wohl eine besonders geringe Virulenz der ausschwärmenden Keime annehmen; denn wäre die Virulenz einigermaßen bedeutend, so müßten sich an den Stellen, wo die im Blut zirkulierenden Keime in größerer Menge kapillär abgefangen werden (Knochenmark, Milz, Lunge usw.) «metastatische» Entzündungsherde ausbilden. Trotz einer derartigen, wenn ich mich so ausdrücken darf, «minimalen Virulenz» müssen wir nach dem oben Gesagten[25] daran festhalten, auch die hier gefundenen Keime zu den «pathogenen» zu rechnen: denn sie vermehren sich ja im Körperinnern und rufen durch ihr Wachstum eine Erkrankung des Organismus hervor. Ohne das Moment der «lokalen Disposition» gelänge es diesen Keimen allerdings überhaupt nicht, eine Infektion hervorzurufen!

Endlich muß hier die «Lochiometra», die Retention der Lochien, als zur lokalen Infektion disponierend, Erwähnung finden. Dabei kommt aber ein neues Moment, nämlich die Bedeutung der Stauung und des dadurch erzeugten Gewebsdrucks (Friedrich)[26] in Betracht. Nach Friedrich (p. 481) tritt Bakterienresorption und damit «Infektion» erst dann ein, wenn die Bakterienentwicklung «unter der Wirkung von Druck und Gegendruck» vor sich gehen kann, ein Beweis dafür, von wie ausschlaggebender Bedeutung für das Zustandekommen der Infektion die physikalischen Verhältnisse des Wundgebiets selbst sind. Die exakten Experimente Friedrichs beweisen aufs klarste, wie durchaus unzulässig es ist, das bei Lochialstauung auftretende Fieber bloß durch Übertritt von «Toxinen» in den Organismus erklären zu wollen. Wir haben hier genau die gleichen Verhältnisse wie z. B. beim

<hr>

[24] cf. Burckhardt-Socin, Saprämie oder Bakteriämie? A. f. G., Bd. 95, 1912, p. 551.

[25] cf. Teil III, speziell p. 104.

[26] Friedrich, Experimentelle Beiträge zur Frage nach der Bedeutung des innergeweblichen Druckes für das Zustandekommen der Wundinfektion. Arch. für klin. Chir., Bd. 59, 1899, p. 468.

Absceß. Wäre der Uterusinhalt steril, so würde die Lochiometra ebensowenig Fieber hervorrufen, wie eine Retentionscyste oder ein kalter Absceß; nun ist er aber erwiesenermaßen « i n f i z i e r t »[27]), infolgedessen ist das bei seiner Stauung auftretende Fieber auch als «Infektionsfieber», nicht als reines «Intoxikationsfieber» zu bewerten!

Wir sehen somit, daß all die Faktoren, die bisher als begünstigend für das Auftreten von «Resorptionsfieber» und «Saprämie» vindiziert wurden, durchaus nicht bloß für die Ansiedlung von Fäulniskeimen, sondern überhaupt für das Einnisten sämtlicher pathogener Mikroorganismen Prädilektionsstellen schaffen. In diesem Sinne glaube ich meine Ausführungen durchaus als Bestätigung des Satzes von J. V e i t[28]) ansehen zu dürfen: «Für die weitere Lehre der puerperalen Infektion wird die Scheidung der Fälle von reiner Infektion und solcher von Erkrankung bei P r ä d i s p o s i t i o n   d e r   G e n i - t a l i e n durch schlechte Anlage oder schlechte Zusammenziehung des Uterus noch von Bedeutung werden!» Nur schade, daß die V e i t sche Schule nicht selbst die Konsequenz dieser Anschauung gezogen hat; denn daß nach Beseitigung des Infektionsherdes die Infektionssymptome rapid schwinden können, ist den Chirurgen eine längst erwiesene Tatsache und spricht durchaus nicht zugunsten einer bloßen «Wundintoxikation».

Ist somit seit Jahren die klinische Unterlage der Saprämielehre ins Wanken geraten[29]), so haben besonders die bakteriologischen Untersuchungen der letzten Jahre einwandsfrei gezeigt, daß die Theorie S p i e g e l b e r g s und D u n c a n s mit den heute bakteriologisch erwiesenen Tatsachen sich nicht mehr vereinbaren läßt. Soll sie daher unsere Vorstellung nicht weiter verwirren, soll sie nicht länger die Erforschung der Ätiologie des Kindbettfiebers hemmen, so muß d i e   g a n z e   T h e o r i e fallen, und wir müssen suchen, auf Grund der neuen Forschungsergebnisse ein neues System der puerperalen Erkrankungen auszubauen, das eine ersprießliche Grundlage für weiteres Fortschreiten unseres Erkennens darstellt.

[27]) cf. F r a n z, Bakteriologische und klinische Untersuchungen über leichte Fiebersteigerungen im Wochenbett; Hegars Beiträge für G. u. G., Bd. 3, 1900, p. 51.

[28]) J. V e i t, Zur Diagnostik und Therapie des Puerperalfiebers. Prakt. Ergebn. von F r a n z - V e i t, Bd. II, 1910, p. 238.

[29]) cf. L a t z k o, Verhandl. der D. Ges. für Gyn., 1909, p. 321.

V. System der puerperalen Erkrankungen.

Wenn ich im folgenden den Versuch mache, ein mit unseren modernen bakteriologischen Anschauungen harmonierendes «System der puerperalen Erkrankungen» aufzustellen, so bin ich mir dabei wohl bewußt, daß mir zur einwandsfreien Beweisführung für die Richtigkeit dieses Systems noch die eine oder andere Feststellung pathologisch-anatomischer Natur fehlt. Ich kann diese hier noch nicht bringen, weil mir die Erkenntnis der Lücken in unserem Vorstellungskreise zum Teil überhaupt erst beim Niederschreiben dieser Abhandlung klar wurde und weil die mir fehlenden Beobachtungen erst durch einen besonderen Arbeitsplan «in viva et in obductione» gewonnen werden können. Trotzdem möchte ich es nicht unterlassen, jetzt schon mit diesem System hervorzutreten, weil ich hoffe, dadurch auch andere zur Bearbeitung der noch schwebenden Fragen anzuregen und so durch meine Ausführungen nicht bloß «zerstörend», sondern auch «fruchtbringend» zu wirken.

Ich stelle folgendes «**Schema des Kindbettfiebers**» auf:

I. **Auf die Geburtswunden beschränkte Infektion:**

    1. Ulcus puerperale (auf Vulva, Damm, Scheide, Cervix).

    2. Endometritis puerperalis.

II. **Über die Geburtswunden hinausgehende Infektion:**

    1. **Auf dem Lymph- oder Tubenweg:**

        a) Metritis (M. puerperalis, M. abscedens, M. dissecans, Putrescentia uteri).

        b) Parametritis.

        c) Salpingitis, Ovarialabsceß, Douglasabsceß, Pelviperitonitis.

        d) Peritonitis.

        e) Sepsis und Septicopyämie.

2. Auf dem Blutweg:
   a) lokale und fortgeleitete Thrombophlebitis.
   b) Thrombophlebitis mit metastatischer Eiterung: Pyämie.

Vergleicht man mein Schema mit den zuletzt von Fromme[1]) und von Bumm[2]) aufgestellten Systemen der puerperalen Erkrankungen, so fällt zunächst auf, daß ich den mit Wundfäulnis einhergehenden Prozessen keine besondere Rubrik einräume, und daß ich eine als reine Wundintoxikation aufzufassende Erkrankungsform überhaupt nicht anerkenne.

Ich meine zwar in den früheren Kapiteln genügend klargelegt zu haben, warum ich aus unseren bakteriologischen Untersuchungen diese Konsequenz für die Klinik ziehen zu müssen glaube; auf einige Punkte möchte ich aber hier doch noch etwas ausführlicher eingehen.

Überblicken wir zunächst, welches das pathologisch-anatomische Substrat des von den Geburtswunden ausgehenden Erkrankungsprozesses ist, den man früher als «Resorptionsfieber», «putride Intoxikation» oder «Saprämie» bezeichnete, so finden wir, wenigstens von dem einen oder anderen Autor, so ziemlich alle in meinem Schema angeführten Erkrankungsformen einmal als «Saprämie» bezeichnet!

So publiziert Goldscheider[3]) aus der v. Leyden-schen Klinik 16 Fälle von «Resorptionsfieber» mit einer durchschnittlichen Fieberdauer von 9,7 Tagen, die ihm selbst oft den Verdacht erweckte, «daß doch noch eine innere Erkrankung bestehe» (p. 177) und ihn veranlaßte, zu konstatieren, «daß es Fälle gibt, welche einen Übergang der Saprämie zur Sepsis darstellen» (p. 169).

R. Lyle[4]) unterscheidet drei Hauptgruppen des Kindbett-fiebers (Saprämie, Pyämie, Sepsis) und teilt die Saprämie ein

---

[1]) Fromme, Physiol. u. Pathol. des Wochenbetts, 1910, p. 104.
[2]) Bumm, Grundriß zum Studium der Geburtshilfe, 7. Aufl., 1911, p. 670 und 680.
[3]) Goldscheider, Charité-Annalen, Bd. XVIII, 1893, p. 166.
[4]) R. Lyle, Puerperal sepsis, The Lancet, 1900, p. 925.

in 1. «f o e t i d s a p r a e m i a» bedingt durch Resorption rein chemischer Zersetzungsprodukte fauliger Gewebe; 2. «s u p p u r a t i v e s a p r a e m i a», verursacht durch die Entzündungstoxine bei Ulcus puerperale, eiteriger Kolpitis und Endometritis; 3. «i n f l a m m a t o r y s a p r a e m i a» auftretend bei akuter Kolpitis, Metritis, Parametritis und Pelviperitonitis!

B u m m [5]) rechnet zur «puerperalen Wundintoxikation» die «E i n t a g s f i e b e r», die p u t r i d e E n d o m e t r i t i s, sowie das Fieber b e i d e r G e b u r t, bei T y m p a n i a u t e r i und bei L o c h i o m e t r a.

F r o m m e kennzeichnet in seiner «Pathologie des Wochenbetts» typische Paradigmata p u e r p e r a l e r S t r e p - t o k o k k e n - E n d o m e t r i t i s (p. 113, 114) als «reine Saprämie», T r a u g o t t [6]) spricht beim fieberhaften Abort von einem «klinisch, bakteriologisch und pathologisch-anatomisch g u t f i x i e r t e n K r a n k h e i t s b i l d (!) der T o x i - n ä m i e d u r c h s a p r o p h y t ä r e M y k o s e n, bei dem die Patientinnen w o c h e n l a n g, allerdings mit Unterbrechungen, fieberten und durch die zahlreichen schweren Schüttelfröste außerordentlich geschädigt waren, und die am Tage nach der Entleerung des Uterus subjektiv und objektiv geheilt waren»!!

In seiner Abhandlung über die gleiche Frage des fieberhaften Aborts spricht sich auch F r o m m e [7]), obwohl er sonst den konservativen Standpunkt T r a u g o t t s durchaus nicht teilt, dahin aus, daß wir noch nicht soweit seien, den Begriff der putriden Intoxikation, der Saprämie überhaupt, fallen zu lassen. F r o m m e bedauert (p. 666), daß T r a u g o t t nicht angibt, «wie oft in seinen Fällen bei r e i n e r S a p r ä m i e i m U t e r u s (!!) die Saprophyten im Blute gefunden wurden»! Daraus geht deutlich hervor, daß F r o m m e heute als «Saprämie» etwas ganz anderes bezeichnet als das, was bisher als charakteristisch dafür hingestellt wurde!

Obwohl D u n c a n seinerzeit noch die Möglichkeit offen gelassen hatte, daß wohl auch einmal die «P u t r e s c e n z -

[5]) B u m m, Grundriß, 1911. p. 670.
[6]) T r a u g o t t, Z. f. G. G., Bd. 68. 1911, p. 333.
[7]) F r o m m e. M. f. G. G., Bd. 34, 1911, p. 664.

erreger» mit den putriden Stoffen ins Blut gelangen können, hielt er es doch für ausgeschlossen, daß sie darin fortleben, geschweige denn sich vermehren können; infolgedessen wurde in der Folgezeit die Keimfreiheit des Blutes geradezu als pathognomonisch für die Saprämie angesehen (cf. Lamers)[8]. Dadurch hat der Begriff der Saprämie ein historisch ebenso feststehendes Gepräge angenommen, wie die veralteten Lehren von der «Inopexie», der «Blutentmischung», des «Miasma» usw. Es ist deshalb nicht angängig, auf Grund der Erkenntnis, daß der Begriff, den man mit diesen Worten kennzeichnen wollte, auf unrichtigen Vorstellungen beruht, nun bloß, um den liebgewordenen alten Ausdruck nicht aufgeben zu müssen, dem Worte plötzlich einen neuen Begriff unterschieben zu wollen!

Zu welcher Verwirrung das führt, geht aus der Arbeit von Lamers[9] hervor, in der er auf Grund eines hochinteressanten Beobachtungsmaterials eine letzte Lanze für die Saprämielehre brechen zu müssen glaubte.

Ich muß gestehen, daß ich die Arbeit von Lamers wiederholt durchlesen mußte, um einigermaßen zu begreifen, was er eigentlich als «Saprämie» ansieht und was nicht; denn zunächst hebt er selbst gleich eingangs hervor, «daß der Unterschied in Worten wirklich größer ist, wie der in Tatsachen» (p. 91) und sagt — offenbar als Beleg für diese Aussage! — bei der Beschreibung von 4 Fällen von Sepsis (!) in der Epikrise über seinen zweiten Fall (einer Metritis dissecans) wörtlich (p. 95): «Wer nicht mehr an Saprämie und Intoxikationsfieber meinte glauben zu dürfen, wird doch Mühe haben, mit sich über diesen Fall ins Klare zu kommen»! Lamers bezeichnet also ein und denselben Fall von «Metritis dissecans» auf einer Seite als Sepsis, auf der anderen als so typische Saprämie, daß wir Häretiker dieses Krankheitsbild wohl überhaupt nicht mehr zu erklären imstande wären!

---

[8] Lamers, Z. f. G. G., Bd. 68, 1911, p. 91. «Resorption von Giftstoffen, keine Einwanderung der Keime ins Blut!»

[9] Lamers, Anaerobe Blutkulturen bei Puerperalfieber. Infektion und Fäulnis. Z. f. G. G., Bd. 68, 1911, p. 88.

Später erwähnt er unter 7 Fällen von «S e p s i s n a c h
A b o r t» (p. 96) einen Fall von «P y ä m i e» (p. 98), bei dem
es während des Lebens nie gelang, weder aerob noch anaerob,
Keime im Blut nachzuweisen, mithin einen Fall, den man nach
der klassischen Lehre füglich als typische «Saprämie» hätte
ansprechen dürfen! Ich stimme aber durchaus mit L a m e r s
darin überein, daß es sich in diesem Falle, trotz dem negativen Blutbefunde in viva, um eine echte Pyämie gehandelt hat,
und gerade dieser Fall scheint mir ein ausgezeichneter Beweis
zu sein für die Unrichtigkeit der Bezeichnung «Saprämie» bloß
auf Grund des negativen Blutbefundes!

Endlich muß ich anerkennen, daß auch L a m e r s sich
darüber klar ist (p. 101), «daß es in der Wand des putriden
Uterus k e i n e s c h a r f e G r e n z e gibt, wo das tote Gewebe
aufhört und das noch lebende beginnt, daß somit meistens, auch
bei der «S a p r ä m i e», einzelne Keime als Vorposten etwas
weiter in dem lebenden Gewebe des Uterus hinein, besonders
auf dem Wege thrombosierter Blutbahnen, eindringen werden».
Nur ist mir nach alledem unbegreiflich, wie L a m e r s dann
die Frage (p. 100): «Ist wirklich durch die Resultate der
anaeroben Blutuntersuchung unsere frühere Auffassung des
harmlosen Wochenbettfiebers als F ä u l n i s f i e b e r über den
Haufen geworfen und nur noch die Deutung desselben als
e c h t e I n f e k t i o n mit Durchdringen der Keime, speziell
anaerober Keime, im Blut und in lebendem Gewebe zulässig?»
mit einem so energischen «nein» beantworten kann!?

Das einzige, was mir die merkwürdigen Widersprüche in
der L a m e r s schen Arbeit erklärt, ist die Tatsache, daß er
von einer teils unklaren, teils direkt falschen Fragestellung
ausgeht.

Es ist w e d e r S c h o t t m ü l l e r n o c h m i r j e e i n -
g e f a l l e n, was ich auch W a r n e k r o s[10]) und K o c h[11])
gegenüber hervorheben möchte, b e i den bisher als R e s o r p -
t i o n s f i e b e r, von B u m m auch als «E i n t a g s f i e b e r»
bezeichneten leichten Wundinfektionsprozessen, K e i m e —
einerlei ob aerobe oder anaerobe! — i m z i r k u l i e r e n d e n
B l u t e n a c h w e i s e n z u w o l l e n, und S c h o t t -

---

[10]) W a r n e k r o s, C. f. B., 1911, p. 1012.
[11]) K o c h, Z. f. G. G., Bd. 69, p. 637.

m ü l l e r [12]) hat es bereits ausdrücklich zurückgewiesen, daß man den Begriff der I n f e k t i o n abhängig mache von einer so zufälligen Begleiterscheinung, wie sie die Bakteriämie darstellt; ich werde darauf gleich noch zurückkommen!

Was wir hingegen behaupten, und was vor uns bereits Z a n g e m e i s t e r [13]) und nach uns B o n d y [14]) verteidigte, ist die Lehre, daß es sich auch bei diesen leichtesten Fiebersteigerungen um einen richtigen I n f e k t i o n s k a m p f um irgend eine **lokale Entzündung** handelt, nicht bloß um eine R e s o r p t i o n von zufällig auf der Oberfläche einer Wunde lagernden oder durch gewisse Momente (Stauung, Druckschwankung) in sie hineingelangenden G i f t s t o f f e n, mögen sie nun «putrider» oder «septischer» Natur sein!

Wir wenden uns e i n m a l gegen die verwirrende Gewohnheit, solche Keime, die durch ihre spontane Vermehrung im Organismus, mag es nun auf dessen Oberfläche in «belanglosem, totem Uterusinhalt» (L a m e r s) [15]) oder in «abgestorbenem Thrombenmaterial» (F r o m m e, V e i t) sein, schlechthin als S a p r o p h y t e n zu bezeichnen, und d a n n gegen die Auffassung, als wirkten die von mir oben als «lokale Dispositionsfaktoren für die Infektion» angeführten Momente bloß begünstigend für das Eintreten von F ä u l n i s und I n t o x i k a t i o n s p r o z e s s e n, anstatt allgemeinhin für das Auftreten von W u n d i n f e k t i o n! Der tote Uterusinhalt ist eben keineswegs «belanglos», sondern er ist als Nährboden und Brutstätte für die Entwicklung sämtlicher pathogener Mikroorganismen, durchaus nicht zuletzt der hämolytischen Streptokokken und Staphylokokken, wie W a l t - h a r d [16]) mit Recht hervorhebt, von großer, nicht selten geradezu ausschlaggebender Bedeutung!

Läßt man diese Herde im Organismus zurück, so wird bei geringer Virulenz der Infektion der Körper den Herd mit der Zeit eliminieren, auch ohne ärztliche Hilfe; vermögen hingegen die Keime eine hohe Virulenz zu entfalten, so wird der

---

[12]) S c h o t t m ü l l e r, M. m. W., 1911, p. 2124.
[13]) Z a n g e m e i s t e r, Prakt. Ergebn., Bd. I, 1909, p. 400.
[14]) B o n d y, M. f. G. G., Bd. 34, 1911, p. 540.
[15]) L a m e r s, l. c. p. 100.
[16]) W a l t h a r d, s. v. H e r f f, Das Kindbettfieber, 1906, p. 530.

Organismus meist erliegen, mag man den Infektionsherd entfernen oder nicht! Höchstens kann man hoffen, was die
Chirurgen schon lange betonen, durch sehr frühzeitige und
möglichst radikale Beseitigung des Infektionsherdes dem Organismus zu ermöglichen, über die bereits in sein Inneres vorge-
drungenen, noch relativ geringen Keimmengen Herr zu werden. Ich stimme hierin durchaus mit F r o m m e [17]) überein.

Hingegen möchte ich im Hinblick auf den Ausspruch
J. V e i t s [18]) «man kann vom Geburtshelfer nicht verlangen,
daß er das kann, was der C h i r u r g auch noch nicht kann,
e i n e   h o c h v i r u l e n t e   S t r e p t o k o k k e n i n f e k t i o n
z u   h e i l e n ,   n a c h d e m   d i e   K e i m e   i n   d a s   B l u t
k a m e n » daran erinnern, daß v o n B e r g m a n n bereits
vor mehr als einem Dezennium sehr energisch den Standpunkt
D ö r f l e r s bekämpfte, der sich in ähnlichem Sinne wie heute
V e i t ausgesprochen hatte; ich möchte bloß 2 Sätze aus dem
Vortrage v o n B e r g m a n n s [19]) zitieren:

«Heutzutage ist man geneigt anzunehmen, daß, sowie die schädlichen
Noxen, von denen wir Eiterungen und Entzündungen ableiten, also bestimmte Formen von Kokken und Bazillen, ins Blut gedrungen sind, sie
im Blut weiter vegetieren; folgerichtig sei alles Mühen, noch Kranke in
diesem Stadium zu retten, verlorene Arbeit! Einmal ins Blut gelangt, würde
das Blut so verändert, daß der Nachweis der deletären Organismen im
kreisenden Blute Grund genug sei, die allertraurigste Prognose zu stellen.»

An der Hand eines geheilten Falles, verteidigte v o n B e r g-
m a n n schon damals seinen durchaus anderen Standpunkt.
Später kam dann B e r t e l s m a n n [20]) auf Grund von 156
untersuchten Fällen zu dem Schluß, daß ein I n d i k a -
t i o n s w e r t für die Amputation aus der Blutuntersuchung
nicht herauszubekommen sei. Ebenso berichtet L e n h a r t z
bereits 1903 [21]) über eine Reihe von operativ geheilten Fällen
von Sepsis mit positivem Blutbefund. Die Berufung V e i t s
auf die Erfahrungen der Chirurgen dürfte daher keine ganz
einwandsfreie sein!
Man kann L a m e r s den Vorwurf der Willkür nicht

---

[17]) F r o m m e, M. f. G. G., Bd. 34, 1911, p. 672.
[18]) J. V e i t, Prakt. Ergebn., Bd. II, 1910, p. 231.
[19]) v o n B e r g m a n n, Berl. klin. Wochenschr., 1901, Nr. 46, p. 1166.
[20]) B e r t e l s m a n n, G. Z. f. klin. Chir., Bd. 72, 1904, p. 302.
[21]) L e n h a r t z, Die septischen Erkrankungen in Nothnagels Handb.,
III, 2, 1903, p. 197.

ersparen, wenn man sieht, wie er, als Beweis für die Richtigkeit der Saprämielehre einen Fall von inkomplettem Abort
anführt (p. 100) «wo am Abend einige Stunden vor der Aus-
.stoßung der Frucht, wie also vielleicht die Wehentätigkeit
schon angefangen hatte, der Blutbefund positiv war, während
er am nächsten Morgen noch vor der Ausräumung der ver-
haltenen Placenta, schon wieder negativ war und ferner negativ
blieb». Wie will denn L a m e r s diese «vollkommen zufällige,
plötzliche, zeitweise Überschwemmung des Blutes, o h n e
j e d e W u c h e r u n g d e r K e i m e i n d a s G e w e b e
h i n e i n! » erklären, anders als dadurch, daß der Organismus
im Infektionskampf die in ihn eingedrungenen Mikroorganismen
zu überwinden wußte, trotz der noch retinierten Placenta?
Nach der alten Theorie hätte doch gerade hier die «Saprämie»
unbedingt fortdauern müssen bis zur Entfernung der Placenta!

Bevor wir in der Betrachtung der einzelnen puerperalen
Erkrankungsformen weitergehen, möchte ich hier einige Bemerkungen allgemeiner Natur einschalten über das Auftreten
von Infektionskeimen im Blute überhaupt; denn ich glaube, daß
wir uns dann viel leichter über einzelne immer wiederkehrende
Fragen verständigen werden.

Wie schon oben erwähnt, wurde die Feststellung S c h o t t-
m ü l l e r s, daß das Auftreten von Keimen im Blute bei Fällen
sogenannter «putrider Intoxikation» die Unhaltbarkeit der
Saprämielehre beweise, neuerdings vielfach so aufgefaßt, als
müßten nun b e i j e d e r I n f e k t i o n M i k r o o r g a n i s-
m e n i m s t r ö m e n d e n B l u t e n a c h w e i s b a r sein.
Das ist natürlich eine d u r c h a u s u n z u l ä s s i g e Um-
kehrung der S c h o t t m ü l l e r schen Beweisführung, die
S c h o t t m ü l l e r selbst bereits ausführlich widerlegt hat;
ich möchte die Freunde der Saprämielehre auf diese ausgezeichneten allgemein medizinischen Betrachtungen S c h o t t-
m ü l l e r s [22]) nochmals ausdrücklich hinweisen.

Sind wir uns mit K o c h [23]) auch durchaus darin einig, daß
wir «alle Keime, bei denen ein Übertritt in das Blut nachgewiesen ist» aus der Kategorie der «Saprophyten» ausschalten,
so behaupten wir damit doch noch lange nicht, wie K o c h

---

[22]) S c h o t t m ü l l e r, M. m. W., 1911, p. 2123.
[23]) K o c h, Z. f. G. G., Bd. 69, 1911, p. 637.

meinte, «daß alle Fiebersteigerungen im Wochenbett auf einem wahren Übertritt von Keimen ins Blut beruhen», wenigstens nicht in dem Maße, daß wir mit unseren bakterioskopischen Methoden dies nachweisen könnten! Sehen wir doch einmal kurz, wie die Fachbakteriologen über diese Frage denken!

W a s s e r m a n n[24]) stellt in seiner Monographie über das « W e s e n d e r I n f e k t i o n » für das Wachstum und die Ausbreitung der infektiösen Mikroorganismen im Körper folgende Typen auf, die ich hier auszugsweise wiedergebe:

1. Die Bakterien bleiben a u f d i e nächste Umgebung ihrer . E i n t r i t t s p f o r t e b e s c h r ä n k t, sie rufen bloß eine l o k a l e E n t z ü n d u n g hervor, die immer den geringsten und ungefährlichsten Grad der Infektion bedeutet und auf besondere Widerstandsverhältnisse im lebenden Organismus schließen läßt.

2. Die Bakterien zeigen im invadierten Organismus f o r t - s c h r e i t e n d e s W a c h s t u m und A u s b r e i t u n g; diese Ausbreitung kann erfolgen:

a) durch W a n d e r n des infektiösen Prozesses i n c o n - t i n u o; durch F l ä c h e n w a c h s t u m auf Schleimhäuten, serösen Häuten oder in den Lymphspalten, eine besonders für Streptokokken charakteristische Ausbreitungsweise;

b) durch Verbreitung der Infektionskeime auf m e t a s - t a t i s c h e m W e g e. Dabei gelangen die Mikroorganismen gewöhnlich von dem primären Herde aus a u f d e m W e g e d e s L y m p h s t r o m e s in die Blutbahn und werden alsdann m i t d e m B l u t e in die verschiedensten Organe v e r s c h l e p p t, wo sie sekundäre Herde erzeugen, o h n e s i c h i m B l u t e s e l b s t v e r m e h r e n z u k ö n n e n;

c) durch Einbrechen der Infektionserreger in das Blutgefäßsystem und d i r e k t e s W a c h s t u m d e r K e i m e i m B l u t e. Nur diese Form der Allgemeininfektion, bei der aber eine Vervielfältigung der Keime

---

[24]) W a s s e r m a n n. Kolle-Wassermanns Handb. d. path. Mikr., Bd. I, 1903, p. 233.

im Blute selbst stattfindet, will Wassermann als
«Septikämie» im bakteriologischen Sinne
anerkennen; er wehrt sich ausdrücklich dagegen,
Krankheitsformen, bei denen bloß ein zeitweiliges
Vorkommen von Keimen im Blute nachweisbar ist, wo
also das Blut lediglich ein Transportmittel für Bakterien nach anderen Organen darstellt, vom bakteriologischen Standpunkte aus als «Sepsis» zu bezeichnen.

Aus diesem Schema geht ohne weiteres hervor, daß das
Suchen nach Keimen im Blute, bei der «auf die Eintrittspforte beschränkte Infektion» ein ·sinn-
loses Unternehmen darstellt, daß wir vielmehr beim Auftreten
von Keimen im Blute darauf schließen müssen, daß die Infektion
über die Eintrittspforte hinaus in den Organismus vorge-
drungen ist. Eine derartig rasche Ausbreitung der Infektionserreger im Körper werden wir nur dann finden, wenn es sich
um eine abnorm hohe Virulenz der Keime handelt, oder wenn
der primäre Infektionsherd den Infektionserregern eine derartige Anreicherung gestattet, daß sie in außergewöhnlich
großen Scharen in den Körper einzubrechen vermögen. So
kommt z. B. Bertelsmann[25]) zu dem Schluß: «Ob eine
Bakterieninvasion stattfindet oder nicht, ist ebensosehr von
der Virulenz der Keime als von der anatomischen Beschaffenheit des Herdes abhängig.»

Finden wir daher eine Keimart in dem zirkulierenden Blute,
so dürfen wir ihr erst dann eine hohe Virulenz zuerkennen,
wenn wir eine «Prädisposition der Genitalien»
(Veit) zur Infektion mit Sicherheit ausgeschlossen haben.
Analog unserem negativen Blutbefunde beim Ulcus puerperale und der Endometritis puerperalis fand
Bertelsmann[26]) bei rein lokaler Wundeiterung,
beim Panaritium, bei Eiterpusteln usw. immer sterile Blut-
platten; beim Furunkel und Karbunkel stellte sich bloß beim
tötlichen Ausgang Bakteriämie ein, bei Sehnenscheidenphleg-
monen, wenn ausgedehnte Nekrose und Eiterung auftrat, beim

---

[25]) Bertelsmann, D. Z. f. Chir., Bd. 72, 1904, p. 299.
[26]) Bertelsmann, l. c. p. 223.

Erysipel nur ganz ausnahmsweise bei eiteriger Einschmelzung des subkutanen Gewebes (p. 244), hingegen nie bei Mastitis.

Auch ich habe bei meinen sehr zahlreichen Blutuntersuchungen bei beginnender M a s t i t i s, die zum großen Teile kurz nach, zum Teil sogar während des initialen Schüttelfrostes vorgenommen wurden, nie einen positiven Befund erheben können. Bloß bei einer einzigen schwer septisch eingelieferten, hochgradig reduzierten Erstgebärenden mit ausgedehnter eiteriger Einschmelzung der Mamma, sowie der Axillardrüsen konnte ich vor der Inzision hämolytische Streptokokken im Blute nachweisen; trotzdem ist die Frau genesen. Es ist darum aber noch nie jemandem eingefallen, das Fieber bei der Mastitis als «Resorptionsfieber» zu bezeichnen, und doch hätte man es entschieden mit dem gleichen Rechte tun dürfen, wie bei der reinen Streptokokken-Endometritis!

Wenn wir soeben betont haben, daß bei der rein l o k a l e n W u n d i n f e k t i o n das Blut immer steril befunden wird, so schließt das natürlich nicht aus, daß v o r Auftreten der lokalen Entzündungserscheinungen lebensfähige Keime im Blute nachweisbar sind; ja es ist mir im hohen Grade wahrscheinlich, daß auch bei den, späterhin als «lokale Infektion der Eintrittspforte» imponierenden Infektionsprozessen, i m a l l e r e r s t e n S t a d i u m d e r I n f e k t i o n zum mindesten einige wenige Keime ins kreisende Blut gelangen; ist doch sicher der initiale Schüttelfrost, der Ausdruck des Alarms zur Aufbietung der Schutztruppen, das Zeichen einer im Blute selbst sich abspielenden Reaktion des Organismus! So konnte z. B. S p o s s o - k u k o t z k y [27]) beim Erysipel ganz im Anfang der Erkrankung Streptokokken-Bakteriämie beobachten, die jedoch schon verschwand zu der Zeit, wo das Erythem deutlich hervortrat. Er spricht daher mit Recht das Erysipel an als «Allgemeininfektion des Organismus mit erfolgender Lokalisation des Prozesses in der Cutis und im subkutanen Gewebe». Interessant ist, daß nach seinen Untersuchungen bei durch Staphylococcus aureus hervorgerufenem Erysipel die Bakteriämie länger anhält.

Daß aber auch dann, wenn die Entzündung sich glücklich

---

[27]) S p o s s o k u k o t z k y, Bakteriologische Blutuntersuchungen bei chirurgischen Infektionskrankheiten, Mitteil. aus den Grenzgeb., Bd. 20, 1909, p. 848.

lokalisiert hat, immer noch einzelne Keime ins Blut übertreten, allerdings um dort dann schnell abgetötet zu werden, ist durchaus wahrscheinlich und sogar direkt bewiesen. Hat doch Canon[28]) bei Influenzakranken mit kulturell sterilem Blutbefund direkt mikroskopisch Häufchen von zum Teil schlecht färbbaren, offenbar abgestorbenen Bazillen gefunden! Dasselbe hat Sittmann[29]) bei Pneumonie gesehen.

Auf die Weise wird es uns leicht verständlich, daß auch bei lokaler Entzündung reichlich Bakteriengifte im Blute kreisen können, ohne daß wir kulturell die Giftspender selbst aufzufinden vermögen. In solchen Fällen steht dann die toxische Wirkung der Bakterieninfektion im Vordergrund. Damit ist natürlich nicht gesagt, daß nicht beim Eintreffen irgendwelcher allgemein oder lokal infektionsbegünstigender Momente z. B. beim Erlahmen der Widerstandskraft des Organismus oder bei mechanischen Insulten der Wundfläche die «Toxinämie» jederzeit zur «Bakteriämie» werden kann!

Nur müssen wir uns endlich freimachen von der Vorstellung, daß Keime, die einmal ins Blut gelangt sind, dort einen so günstigen Nährboden finden, daß sie höchstens ausnahmsweise wieder aus demselben verschwinden. Das Blut ist, wie ich[30]) bereits früher einmal hervorgehoben habe, unsere bakterizideste Körperflüssigkeit; das haben schon die grundlegenden Versuche von W. Wyssokowitsch[31]) aus dem Flügge schen Institut einwandsfrei bewiesen.

Während der Untergang der Infektionskeime im Blut bereits durch Metchnikoff wahrscheinlich gemacht worden war, fand Wyssokowitsch durch große systematische Tierversuchsreihen, daß auch die menschenpathogenen Bakterien ziemlich rasch (gewöhnlich innerhalb 3—4 Stunden) und vollständig aus dem Blut verschwinden; bloß wenn sehr große Mengen wiederholt injiziert wurden, sind selbst nach 24 Stunden noch nicht alle Bakterien aus dem Blute entfernt. Sogar bei den für die betreffenden Versuchstiere tötlichen Mikroorganismen kommt es nach deren Injektion in die Blut-

---

28) Canon, D. Z. für klin. Chir., Bd. 61, 1901, p. 103.
29) Sittmann, D. Arch. für klin. Med., Bd. 53, 1894, p. 323.
30) Hamm, C. f. G., 1910, Nr. 52, p. 3 des S.-A.
31) Wyssokowitsch, Über die Schicksale der ins Blut injizierten Mikroorganismen im Körper der Warmblüter, Z. f. Hyg. u. Inf., Bd. 1, 1886, p. 3.

bahn anfangs zu einer ziemlich raschen Abnahme bis zum völligen Verschwinden! Jedoch findet hier später, von einem nach Bakterienart und Injektionsmenge wechselnden Zeitpunkte ab (meist nach 3—4½ Stunden) wieder eine allmähliche Zunahme der im Blute kreisenden Keime statt; eine Zunahme, die bis zum Tode des Tieres sich dann sehr rasch steigert.

Dieses eigenartige Verhalten der ins Blut des Warmblüters injizierten Mikroorganismen ist so zu erklären, daß die Keime teils von den bakteriziden Kräften des Blutes direkt abgetötet, teils in oder zwischen den Endothelzellen der Capillarwandungen, am reichlichsten in den Organen ·mit verlangsamter Blutströmung (Milz, Leber, Knochenmark, Nieren) abgelagert werden; dort haften sie fest, und nun beginnt dort der Kampf zwischen Zellen und Bakterien, von dessen Ausgang Leben und Tod abhängt. Werden sämtliche Keime in loco abgetötet, so hat der Organismus die Infektion mit einem Schlage überwunden; vermögen aber die Keime, und seien es vielleicht bloß einzelne Individuen darunter, die Gewebszellen so zu schädigen, daß sie absterben und nun durch ihre Zerfallsprodukte den Keimen das Nährmaterial zur weiteren Proliferation abgeben, so entsteht ein Krankheitsherd, von dem aus die Keime von neuem in den Organismus ausschwärmen und so zum langsamen oder rapiden Untergang des Organismus führen können.

Bleibt die bakterizide Kraft des Blutes lange bestehen, so wird die Vergiftung durch die Bakterientoxine die Hauptrolle spielen, und dann kann es sich ereignen, daß trotz abnehmender Keimzahl im Blut, der Organismus der Infektion erliegt. Dies haben Radziewsky[32]) und J. Koch[33]) tierexperimentell nachgewiesen. und ich konnte es mehrfach beim Menschen, gerade auch·für die Staphylokokken[34]) bestätigen. Auch Bertelsmann[35]) hebt hervor, daß aus einer Verringerung des Bakterienbefundes im Blute nicht ohne weiteres auf· eine Besserung des Leidens geschlossen werden kann.

Trotzdem möchte ich mich mit Canon[36]) dahin aus-

---

[32]) Radziewsky, Z. f. Hyg. u. Inf.. Bd. 37, 1901. p. 1.
[33]) J. Koch, Z. f. Hyg. u. Inf., Bd. 60, 1908, p. 362.
[34]) cf. p. 59 u. 61.
[35]) Bertelsmann, D. Z. f, Chir., Bd. 72, 1904. p. 301.
[36]) Canon, D. Z. f. Chir., Bd. 61, 1901, p. 103.

sprechen, daß bei den septischen Erkrankungen die P r o l i f e -
r a t i o n d e r B a k t e r i e n s e l b s t, im primären oder
eventuell in den sekundären Herden, schließlich als das
H a u p t m o m e n t erscheinen muß, d u r c h w e l c h e s d e r
t i e r i s c h e O r g a n i s m u s k r a n k g e m a c h t u n d
v e r n i c h t e t w i r d. Die neuesten Untersuchungen über das
B a k t e r i e n - A n a p h y l a t o x i n sprechen durchaus zugunsten einer derartigen Auffassung. Eine **Keimvermehrung im
Blute selbst findet beim Menschen meist erst in der Agone
oder postmortal statt,** und zwar gilt das für die aeroben Keime
nicht weniger als .für die Anaerobier!

Ein primäres Keimwachstum im Blut, wie es W a s s e r -
m a n n als pathognomisch für die «b a k t e r i o l o g i s c h e
S e p s i s» ansieht, dürfte beim Menschen ein enorm seltenes
Ereignis darstellen! Ich kann mich daher vorläufig nicht entschließen, für den Menschen dem W a s s e r m a n n schen Vorschlag zu folgen und nur solche Fälle von Allgemeininfektion
als «Sepsis» zu bezeichnen, bei denen wir das Wachstum der
Keime im Blute als Nährboden sicher dartun können. Ich
glaube ja, daß es solche Fälle a u s n a h m s w e i s e auch
einmal beim Menschen geben kann, daß wir vielleicht manche
Fälle, die unter dem Bilde der «S e p s i s a c u t i s s i m a»
verlaufen, in diesem Sinne deuten müssen. So dürfte vielleicht
der eine unserer Fälle von Sepsis durch B. o e d e m a t i s
m a l i g n i [37]), wo die Frau 30 Stunden nach der Operation
ihrer Infektion erlegen ist und pathologisch-anatomisch absolut
nichts nachweisbar war, was den Tod erklärt hätte, sondern
bloß die bakteriologische Untersuchung des Herzbluts uns eine
sichere Diagnose ermöglichte, als solche «foudroyante Sepsis»
anzusprechen sein, bei der möglicherweise eine direkte Vermehrung der Keime im Blute stattgefunden hat; doch muß ich
ausdrücklich hervorheben, daß eine d e r a r t i g e K e i m -
v e r m e h r u n g, wie sie dann eintreten muß, wenn das Blut,
entsprechend dem Keimwachstum in unseren künstlichen Kulturmedien, direkt als «Nährboden» benützt wird, b i s h e r
v o n n i e m a n d e n f e s t g e s t e l l t worden ist!

Um einen derartigen Vorgang einwandsfrei zu beleuchten,
müßte man nämlich durch Entnahme von Blutproben jeweils im

---

[37]) Fall 2, p. 93.

Abstande weniger Stunden nachweisen, daß eine Keimvermehrung im Sinne der B u c h n e r, L o n g a r d und R i e d l i n schen [38]) Formel: «$b = a.\ 2^n$» stattfindet. (Es bedeutet b die Zahl der Keime bei der zweiten Blutentnahme, a die Keimzahl bei der ersten Entnahme, n die Anzahl der innerhalb der zwischen a und b verflossenen Zeit aufeinandergefolgten Generationen, eine Zahl, die sich aus der für die verschiedenen Keime bekannten Generationsdauer leicht berechnen läßt.)

Solange eine derartige rapide Keimzunahme nicht erwiesen ist, dürfen wir auch bei diesen Fällen akutester Sepsis nicht von einem Keimwachstum im Blute sprechen, wie es D u n c a n ja seinerzeit als charakteristisches Vorkommnis bei den «Pyämie- und Sepsiserregern» im Gegensatz zu den gelegentlich vielleicht ebenfalls einmal ins Blut gelangenden «Fäulniserregern» hingestellt hatte; denn auch bei der « r e i n e n B l u t s e p s i s » (B u m m) [39]) ließe sich der schnelle Untergang des Körpers durch fortdauernde E i n s c h w e m m u n g der Keime ins Blut, ohne Vermehrung daselbst, allein durch Entfaltung einer mächtigen G i f t b i l d u n g hinreichend erklären; allerdings werden wir wohl von dem Momente an, wo das Blut «dünn und lackfarben» wird (B u m m), auch eine Keimvermehrung im Blute selbst nachweisen können; aber das ist dann bereits ein agonaler Zustand!

B e r t e l s m a n n [40]) hat vorgeschlagen, solche Krankheitsbilder, bei denen wir ein Wachstum (= Fortentwicklung, Bildung neuer Individuen!) der Keime im Blute selbst annehmen zu müssen glauben, als « H a e m i t i s » zu unterscheiden von der B a k t e r i ä m i e, die ja bloß die Anwesenheit von Bakterien im Blute bezeichnet. Ich halte diesen Vorschlag für sehr rationell, möchte aber nicht eher praktischen Gebrauch davon machen, als der Vorgang, um den es sich dreht, tatsächlich bakteriologisch einwandsfrei festgestellt ist. Hebt doch auch B e r t e l s m a n n hervor, daß man über einen Wahrscheinlichkeitsbeweis nicht leicht hinauskommen wird, «da von

---

[38]) B u c h n e r, L o n g a r d und R i e d l i n, C. f. B., I. Abtlg., Bd. 2. 1887, p. 4.

[39]) B u m m, Verh. d. D. Ges. f. Gyn., Bd. XIII, 1909, p. 108.

[40]) B e r t e l s m a n n, D. Z. f. Chir., Bd. 72, 1904, p. 297.

lokalen Herden so viele Kokken ins Blut gelangen können, daß ein recht massenhafter Blutbefund dadurch erklärt werden kann, ohne daß man gezwungen ist, eine Vermehrung im Blute selbst anzunehmen».

Vorläufig werden wir also bloß ein agonales und postmortales Keimwachstum im Blute als sicher erwiesen ansehen dürfen. Wir werden uns daher nicht wundern, wenn wir im Herzblut der Leiche vielleicht schon im direkten mikroskopischen Präparat massenhaft Keime nachweisen können, wo an der Lebenden, selbst bei Anwendung der bestmöglichen Methodik, das Venenblut immer steril erschienen war! In analoger Weise tritt ja auch eine Hämolysierung, ein «Lackfarbenwerden» des Blutes selbst bei Anwesenheit zahlreicher hämolytischer Streptokokken erst in der Agone oder portmortal ein, worauf Bordet zuerst hingewiesen hat, und was ich bei allen meinen Blutentnahmen bestätigen konnte.

Dieses Unvermögen der «Sepsiserreger», sich im zirkulierenden Blute zu vermehren, ist aber nicht der einzige Grund, der mich dazu bestimmte, die « Sepsis » in Übereinstimmung mit Lenhartz («lymphangitische Form des Puerperalfiebers»!) aber im Gegensatz zu Bumm, v. Herff, Fromme u. a. zu den auf lymphogenem Wege sich verbreitenden Infektionen zu rechnen.

Schon J. Halban[41]) hat entgegen den zu einseitig ausgeführten Experimenten Schimmelbuschs[42]) (cf. auch Friedrich[43]) nachgewiesen, daß bei der Infektion blutender Wunden — und um solche handelt es doch meistens in der Geburt! — die Resorption der Eitererreger nicht auf dem Wege der Blutbahn, sondern auf dem Wege der Lymphbahn stattfindet.

Die Richtigkeit dieser Behauptung Halbans wird durch folgenden interessanten Versuch (p. 557) illustriert: Halban hat Kaninchen blutende Wunden beigebracht und diese mit

---

[41]) J. Halban, Resorption der Bakterien bei lokaler Infektion. Arch. für klin. Chir., Bd. 55, 1897, p. 556.

[42]) Schimmelbusch, Arch. für klin. Chir., Bd. 50, 1895, p. 467.

[43]) Friedrich, Arch. für klin. Chir., Bd. 59, 1899, p. 468.

einer ganzen Öse einer virulenten Milzbrandreinkultur infiziert. Nach 2—2 ½ Stunden, also zu einer Zeit, wo nach seiner Ansicht die Infektion noch eine rein lokale sein mußte, enucleierte er die infizierte Extremität am Schultergelenk, und alle Tiere — er hat den Versuch 5 mal wiederholt — blieben am Leben, während die Kontrolltiere nach 24—30 Stunden eingingen. Wäre die Infektion durch das direkte Eindringen der Milzbrandbazillen ins Blut erfolgt, so wäre eine Rettung der Tiere ausgeschlossen gewesen, umsomehr als der experimentelle Milzbrand eine echte Blutsepsis auch im bakteriologischen Sinne darstellt!

Es liegt daher vorläufig kein Grund vor, die «S e p s i s   a c u t i s s i m a», die bisher ja wohl von allen Autoren als durch d i r e k t e Infektion der Blutbahn hervorgerufen angesehen wurde, von den übrigen Formen der Sepsis, die sicher lymphogener Natur sind, abzutrennen. Erscheint es doch d u r c h a u s   n i c h t   a u s g e s c h l o s s e n ,   d a ß   k e i n e r l e i   p r i n z i p i e l l e r   U n t e r s c h i e d   z w i s c h e n   d e n   v e r - s c h i e d e n e n   T y p e n   d e r   l y m p h a n g i t i s c h e n   F o r m   d e s   P u e r p e r a l f i e b e r s   b e s t e h t ,   s o n d e r n   d a ß   d i e   e i n z e l n e n   K r a n k h e i t s b i l d e r   b l o ß   d u r c h   e i n e   g r a d u e l l e   D i f f e r e n z   i n   d e r   S c h n e l l i g - k e i t   d e r   A u s b r e i t u n g   d e r   I n f e k t i o n   h e r v o r - g e r u f e n   w e r d e n !

Betreffs dieses verschieden schnellen Ausbreitungsvermögens der Infektionserreger im Organismus hat ebenfalls H a l b a n [44]) durch schöne Tierversuche die wichtige Feststellung gemacht, daß die v i r u l e n t e n   K e i m e viel s p ä t e r   in den Lymphdrüsen n a c h w e i s b a r werden als die nichtvirulenten und zwar u m   s o   s p ä t e r ,   j e   v i r u - l e n t e r   s i e   s i n d . Die avirulenten Bakterien hingegen passieren die Lymphdrüsen anscheinend ungehindert und dringen auf den Lymphwegen durch den Ductus thoracicus so schnell ins Blut vor, daß sie schon wenige Minuten nach der Infektion in den inneren Organen sich vorfinden.

Diese Versuche erklären uns die zunächst p a r a d o x erscheinende Tatsache, daß wir nicht selten bei Infektionen,

---

[44]) H a l b a n, l. c. p. 557.

die nur eine ganz geringe Reaktion des Organismus auslösen, wenn wir nur früh genug untersuchen, Bakteriämie nachweisen können, während hingegen bei anderen, in wenigen Tagen zum Tode führenden Fällen, die Blutuntersuchung anfangs, ja sogar während des ganzen Krankheitsverlaufs, häufig negativ ausfällt. Es kann somit sehr wohl ein klinisch durchaus harmlos erscheinendes «Eintagsfieber» mit Bakteriämie verbunden sein und so den leichtesten Grad der «Sepsis» darstellen, während eine klinisch sofort als schwere Sepsis imponierende Infektion ohne Bakteriämie verlaufen kann!

Diese heute sicher erwiesene Tatsache beweist uns aufs Deutlichste, warum es nicht angängig ist, den Begriff der Sepsis ohne weiteres nach dem Vorschlage von Kocher und Tavel[45]) in die Begriffe «Bakteriämie» und «Toxinämie» auflösen zu wollen. Das Wort Bakteriämie bezeichnet ein wissenschaftliches Symptom, aber keinen Krankheitsbegriff, ebenso wie die «Toxinämie» bloß ein Symptom darstellt!

Die immer und immer wieder auftauchenden Bestrebungen, für den Begriff der «Sepsis» eine einigermaßen zutreffende Benennung zu finden, dürften nicht eher zu einer allgemeinen Einigung führen, als unsere Vorstellungen vom Wesen der septischen Erkrankungen in pathologisch-anatomischer, wie in bakteriologischer Hinsicht durchaus geklärt und gefestigt sind.

Sepsis heißt ja eigentlich «Blutfäulnis»; noch Cohnheim[46]) identifiziert die Septikämie mit «putrider Intoxikation» und leitet sie von dem Hineingelangen eines gelösten, exquisit putriden Giftes in die Säftemasse des Körpers ab, und es ist gar nicht so lange her, daß Brunner[47]) vorschlug, den Ausdruck «Sepsis» nur da anzuwenden, wo es sich wirklich um das Eindringen von Fäulniserregern oder Fäulnisprodukten ins Blut handelt!

---

[45]) Kocher und Tavel, Vorlesungen über chirurgische Infektionskrankheiten, Bd. I, 1895.

[46]) Cohnheim, Vorlesungen über allgem. Path., Berlin, 1877, p. 469.

[47]) Brunner, Erfahrungen und Studien über Wundinfektion und Wundbehandlung, Frauenfeld, 1899.

Aber schon R. K o c h [48]) hat darauf aufmerksam gemacht, daß die Namen «Pyämie» und «Septikämie» nicht mehr dem entsprechen, was man ursprünglich damit bezeichnet hat; jedoch ist sein Rat, «d i e s e N a m e n v o r l ä u f i g i n d e r a l l g e m e i n g e b r ä u c h l i c h g e w o r d e n e n W e i s e g e l t e n z u l a s s e n, u m n i c h t i m m e r w i e d e r i n k u r z e n Z e i t r ä u m e n z u n e u e n D e f i n i t i o n e n g e z w u n g e n z u s e i n», leider allzuoft unbeachtet geblieben. L e n h a r t z [49]) hat sich der Mühe unterzogen, die Nomenklatur der «Sepsis» in den letzten 30 Jahren kritisch zu würdigen, sodaß ich mich darauf beschränken kann, hier mein Urteil dahin abzugeben, daß wir auch heute noch am zweckmäßigsten dem Standpunkte R. K o c h s treu bleiben.

L e n h a r t z hielt außer der «Pyämie» und «Septikämie» fest an dem Bilde der «Saprämie», da «durch den stets negativen Blutbefund bei der putriden Intoxikation» doch ein prinzipiell verschiedenes Krankheitsbild gekennzeichnet werde! Und es muß ja allerdings fast als Ironie des Schicksals erscheinen, daß gerade diejenige Erkrankungsform, die einen P a s t e u r, C o z e und F e l t z, D o l é r i s u. a. [50]) zum Aufsuchen der «infiniment petits» in den Puerperalorganen und im Blut angeregt hatte, nämlich die mit Putrescenz einhergehende und durch «Fäulniskeime» bedingte Infektion, später als sogenannte «Saprämie» gemeinhin dadurch charakterisiert wurde, daß bei ihr k e i n e M i k r o o r g a n i s m e n ins Blut und in die inneren Organe übertreten! Nachdem aber heute auch dieser Irrtum richtiggestellt ist, scheint mir ein triftiger Grund zum Abweichen von der K o c h schen Nomenklatur nicht mehr zu bestehen.

Bloß möchte ich noch hervorheben, daß wir b e i A l l g e m e i n i n f e k t i o n e n d u r c h d i e «P u t r e s c e n z e r r e g e r» viel häufiger die t h r o m b o p h l e b i t i s c h e als die lymphangitische Form des Kindbettfiebers vorfinden, da diese, früher vielfach als «Saprophyten» bezeichneten Mikroorganismen meist mit geringerer Invasionskraft begabt

---

[48]) R. K o c h, Ätiologie der Wundinfektionskrankheiten, 1878, p. 6.
[49]) L e n h a r t z, Nothnagels Handb., Bd. III, 2, 1903, p. 79—86.
[50]) cf. S i e b o l d - H e r g o t t, Histoire de l'obstétricie, T. III, 1892, p. 305.

sind und daher zur Entfaltung ihrer pathogenen Wirkung besonders günstiger Lokalisationsbedingungen bedürfen, wie sie eben in den Thromben der Placentarstelle häufig gegeben sind.

Den Übergang der «Sepsis» zur «Septicopyämie» haben wir uns so vorzustellen, daß die vom primären Herd auf den Lymphwegen ins Körperinnere vordringenden Keime, meist wohl durch den Ductus thoracicus, vielleicht aber auch einmal in der Milz, der Leber oder in den Nieren in die Blutbahn gelangen und nun das Blut als Transportmittel (nicht als Nährboden!) benützen, um sich an anderen Körperstellen wieder niederzulassen und durch ihre Einnistung sekundäre Herde zu bilden. Lenhartz[51]) hat diese Form der Sepsis sehr treffend als «metastasierende Sepsis» bezeichnet. Bloß möchte ich diesen Ausdruck nicht wie Lenhartz auch für die reine «Pyämie» gelten lassen, sondern für die auf lymphogenem Wege entstehende «Septicopyämie» reservieren; die reine «Pyämie» hingegen geht immer von vereiterten Venenthrombosen aus.

Als «Septicopyämie» müssen schließlich auch die Fälle gelten, wo der Nachweis, auf welchem Wege die Metastasen entstanden sind, nicht sicher geführt werden kann oder wo beide Wege zu Metastasen geführt haben. Ich glaube, daß wir bei Beachtung dieser Definition uns eine Nomenklatur schaffen, die das Wesentliche des vorliegenden Krankheitsprozesses kennzeichnet und nicht bloß dem Anatomen, sondern auch dem Kliniker die Möglichkeit einer einheitlichen Auffassung und einer nicht von heute auf morgen wechselnden Benennung der bestehenden puerperalen Infektion gibt.

Daß wir den, nach unseren Beobachtungen[52]) doch nicht gar so seltenen Weg der Ausbreitung der Infektion durch Flächenwachstum vom Endometrium über die Tubenschleimhaut hinweg nach dem Peritoneum nicht prinzipiell trennen von dem «lymphogenen» Weg, bedarf wohl bei der für beide Wege grundsätzlich gleichen Art der Ausbreitung,

---

[51]) Lenhartz, l. c. p. 86.

[52]) Zuerst hat wohl Walthard (Der Diplostreptococcus und seine Bedeutung für die Ätiologie der Peritonitis puerperalis, M. f. G. G., Bd. 12, 1900, p. 688) einwandsfreie Beispiele für die Infektion auf dem Tubenweg (p. 708) erbracht.

nämlich durch Flächenwachstum unter Benützung von präformierten Bahnen (Gewebsspalten und Lymphgefäße einerseits, Endometrium und Tubenlumen andererseits) sowie der Unmöglichkeit, klinisch einigermaßen sicher festzustellen, welcher der beiden Wege im jeweils vorliegenden Infektionsfalle gewählt wurde, keiner besonderen Begründung.

Die zunächst merkwürdig erscheinende Tatsache des fast immer n e g a t i v e n B l u t b e f u n d e s b e i r e i n e r p u e r p e r a l e r P e r i t o n i t i s hat durch die neuesten Untersuchungen von H o e h n e [53]) eine willkommene Erklärung gefunden. H o e h n e konnte tierexperimentell nachweisen, daß bei der bakteriellen exsudativen Peritonitis die B a k t e r i e n am Orte der reaktiven Exsudation durch den « F i b r i n g u ß » zurückgehalten werden, während hingegen die Stoffwechselprodukte der Bakterien, die freiwerdenden G i f t e der zerfallenden Bakterienleichen, sowie die Gewebseinschmelzungssubstanzen ungehindert zur Resorption in den Kreislauf gelangen. Der Ausfall der Blutuntersuchung [54]) dürfte somit ein wichtiges differentialdiagnostisches Merkmal für die Unterscheidung der reinen «Peritonitis» von der « p e r i t o n e a l e n S e p s i s » darstellen!

Nach diesen Ausführungen betreffs der über die Geburtswunden hinausgehenden Infektionsarten müssen wir, wie bereits angedeutet, nochmals kurz zurückkehren zu der auf die Geburtswunden beschränkten Infektion, speziell zur p u e r p e r a l e n E n d o m e t r i t i s.

Das von W a l t h a r d seinerzeit aufgestellte Bild der « b a k t e r i o t o x i s c h e n E n d o m e t r i t i s », das W a l t h a r d [55]) der «septischen oder infektiösen Endometritis» und der «saprophytischen» Endometritis gegenüberstellte, hat durch die jüngsten Ausführungen T r a u g o t t s [56]), der die «bakteriotoxische Endometritis» als « d a s p a t h o l o g i s c h - a n a t o m i s c h e S u b s t r a t f ü r d i e a l t e S a p r ä m i e l e h r e

---

[53]) H o e h n e, Über Toxinresorption aus der Bauchhöhle und über intraperitoneale Narkose, C. f. G., 1912, p. 258.

[54]) cf. auch F r a n z, Zur Klinik der puerperalen Peritonitis; Therapie der Gegenwart, 1912, H. 1.

[55]) W a l t h a r d, Die bakteriotoxische Endometritis. Z. f. G. G., Bd. 47, 1902, p. 241.

[56]) T r a u g o t t, Z. f. G. G., Bd. 68, 1911, p. 328.

Duncans» bezeichnet (p. 329), von neuem Staub aufgewirbelt. Walthard hat den von ihm beschriebenen Symtomenkomplex deswegen als etwas besonderes hinstellen zu müssen geglaubt, weil er, was übrigens auch schon aus den grundlegenden Untersuchungen Bumms[57]) hervorgeht, einen pathologisch-anatomischen Unterschied zwischen der «lokalisierten septischen» Endometritis und der «putriden Endometritis» nicht feststellen konnte. Walthard nimmt infolgedessen an, daß die saprophytischen Streptokokken, Staphylokokken, Colibazillen, Anaeroben, und die echten, bakteriotoxisch wirkenden «Saprophyten» durch alleinige Vermehrung im Uterussekret, ohne in die Mucosa einzudringen, eine «chemische Entzündung» der Uterusmucosa verursachen, die bei gutem Abfluß des Lochialsekrets den Gesamtorganismuß unbeeinflußt läßt, bei Retention und Resorption größerer Toxinmengen dagegen das Bild der Toxinämie hervorruft (Fieber, Pulsbeschleunigung, trockene Zunge, Schüttelfröste und dergl.).

Diese Deduktionen Walthards[58]) beruhen einerseits auf der Beobachtung, daß in Gewebschnitten solcher Fälle die Decidua in ihren obersten Schichten zwar herdweise Infiltration von vorwiegend mehrkernigen Leukocyten zeigt, daß aber Bakterien im Innern des Gewebes fehlen, andererseits auf der Erfahrung, daß nicht bloß die «Fäulniskeime», sondern auch die «Eitererreger» toxisch wirken. Walthard gebührt somit das Verdienst festgestellt zu haben, daß ein prinzipieller Unterschied zwischen der «lokalisierten septischen Endometritis» und der «putriden Endometritis» nicht besteht, daß es sich bei beiden Formen der puerperalen Endometritis um einen lokalisierten Prozeß handelt, der mikroskopisch keinerlei typische Merkmale, weder für die eine noch für die andere Form, darbietet. Nur hat Walthard nicht die richtige Konsequenz aus dieser Feststellung gezogen; denn anstatt sich zu sagen, daß es bei der Gleichheit des pathologisch-anatomischen Befundes sich bei der «putriden Endometritis» wohl ebenso um einen lokalen Entzündungsprozeß, nicht bloß um eine

---

[57]) Bumm, Histologische Untersuchungen über die puerperale Endometritis. Arch. für Gyn., Bd. 40, 1891, p. 398.

[58]) Walthard, cf. auch v. Herff, Das Kindbettfieber, 1906, p. 535.

Toxinresorption im Sinne D u n c a n s handeln müsse, wie bei
der lokalisierten infektiösen Endometritis, hat er umgekehrt
die Erreger der lokalisiert bleibenden septischen Endometritis
zu Saprophyten degradiert, weil er d e n p r i m ä r e n G r u n d
f ü r d i e L o k a l i s a t i o n des Prozesses n i c h t i n d e r
W i d e r s t a n d s k r a f t d e s O r g a n i s m u s, s o n d e r n
i n d e r m a n g e l n d e n P a t h o g e n i t ä t d e r K e i m e
erblickte.

Nur von einer derartigen Auffassung aus läßt· sich die
Äußerung W a l t h a r d s [59]) verstehen, es! sei «Sache der
weiteren Forschung, nachzuweisen, für welche Bakterienarten
der bakteriotoxischen Endometritis ein Übergang in die infek-
tiöse Form möglich ist». Hätte W a l t h a r d auf unserem
Standpunkt gestanden, daß alle die von ihm erwähnten [60])
«Erreger bakterieller Intoxikationen des Uterus» p a t h o g e n e
M i k r o o r g a n i s m e n sind, so wäre ihm eine derartige
Fragestellung überhaupt nicht möglich gewesen.

W a l t h a r d hat eben nicht bedacht, daß die T o x i n -
b i l d u n g d e r I n f e k t i o n s e r r e g e r, besonders der
Streptokokken,　　worauf　　neuerdings　　speziell　　Z a n g e -
m e i s t e r [61]) wieder aufmerksam gemacht hat, b l o ß i m
l e b e n d e n G e w e b e stattfindet, daß wir zur Entfaltung
ihrer Giftbildung im Organismus unbedingt einen Infektionskampf, ein V o r d r i n g e n g e g e n d i e l e b e n d e n K ö r -
p e r z e l l e n annehmen müssen. Dabei brauchen die Keime
natürlich nicht in solchen Mengen in der Übergangszone vom
gesunden zum infizierten Gewebe zu sitzen, daß sie in den
Schnittpräparaten noch deutlich zur Darstellung kommen, um-
soweniger als da, wo das Gewebe als Sieger im Infektionskampf bestehen bleibt, die Keime eben zu Grunde gehen und

---

[59]) W a l t h a r d, Z. f. G., Bd. 47, 1902, p. 269. Diese Äußerung W a l t -
h a r d s steht in grellem Widerspruch zu der Definition W a s s e r m a n n s
(Handb., Bd. I, p. 233): «Bei der lokalen Infektion ist die beschränkte Verbreitung im Organismus k e i n e k o n s t a n t e b i o l o g i s c h e E i g e n -
s c h a f t, sondern eine hauptsächlich durch besondere Widerstandsverhältnisse im lebenden Organismus bedingte Sache. Bei derartigen Mikroorganismen, die sich weit im Organismus verbreiten können, bedeutet die
Lokalisation den geringsten und ungefährlichsten Grad der Infektion.

[60]) cf. v. H e r f f, Das Kindbettfieber, p. 532—534.

[61]) Z a n g e m e i s t e r, Prakt. Ergebn., F r a n z - V e i t, Bd. I, 2, 1909,
p. 400.

infolgedessen morphologisch nicht mehr nachweisbar sind! Hätten wir ein Mittel, das uns erlaubte, anstatt bloß die noch intakten Keime, auch deren Zerfallsprodukte, speziell deren Toxine nachzuweisen, so würden wir bei den septischen wie bei den putriden Infektionen zentral von der Infektions- eine Intoxikationszone finden, die aber dann noch viel diffuser in das gesunde Gewebe überginge als es die Zone der entzündlichen Reaktion tut.

Für die «Fäulnisbakterien» nicht weniger als für die «Eitererreger» muß die frühere Vorstellung , daß die Keime sich bloß im toten Uterusinhalt vermehren und dort auf dem abgestorbenen Material ihre Gifte bilden, die ohne Schädigung des lebenden Gewebes durch den Demarkationswall hindurch, w i e d u r c h e i n F i l t e r, in den Organismus hineinsickern, auf Grund der tierexperimentellen Forschung sowohl wie der neuesten Feststellungen über das Bakterienanaphylatoxin fallen gelassen werden. Hat doch bereits N o e t z e l[62]) nachgewiesen, daß völlig i n t a k t e Granulationsflächen frischer Wunden weder Bakterien noch deren Toxine (Prüfung mittels Tetanustoxin!) durchlassen! Andererseits habe ich im II. Teil dieser Arbeit gezeigt, daß für sämtliche bei der puerperalen Wundinfektion in Betracht kommenden Mikroorganismen ein mehr oder minder ausgeprägtes Penetrationsvermögen erwiesen ist, daß wir also diesen Keimen nie a priori ansehen können, ob sie bloß eine lokale oder eine fortschreitende Entzündung hervorrufen werden; denn das hängt viel weniger von den Keimen als von dem betreffenden Organismus ab!

Was ist denn der schmierige, dicke, gangränöse Belag, den wir gerade bei der putriden Endometritis zuweilen zu sehen bekommen, anders als die Folge der Zerstörung von Gewebszellen durch die in die Saftspalten eingedrungenen Keime? Hier liegt doch lokale Entzündung vor! Es braucht dabei durchaus kein Übertritt der Keime ins Blut stattzufinden, selbst ein Weiterkriechen in den Lymphgefäßen ist nicht notwendigerweise damit verknüpft.

Das Bestreben W a l t h a r d s, die Wesensgleichheit der «putriden» und der «lokalisierten septischen» Endometritis

---

[62]) N œ t z e l, Über die Infektion granulierender Wunden. Arch. für klin. Chir., Bd. 55, 1897, p. 543.

dadurch zum Ausdruck zu bringen, daß er sie beide als «bakteriotoxische Endometritis» charakterisiert, verdient als Ausdruck des Übergangsstadiums zur reinen Infektionslehre entschieden alle Achtung, bloß können wir heute das Bedürfnis nach einer derartigen Schematisierung nicht mehr anerkennen, weil es für uns keine natürliche bakterielle Intoxikation ohne Infektion gibt! Und daß wir unter Infektion eine spontane Keimvermehrung im l e b e n d e n Organismus verstehen müssen, haben wir ja im III. Teil ausführlich erörtert.

Mit Recht verlangt schon W a l t h a r d[63]), daß als «bakterielle I n t o x i k a t i o n s t o d e s f ä l l e nur diejenigen Beobachtungen anerkannt werden können, bei welchen Blut wie Organe post mortem als bakterienfrei befunden werden». Die Möglichkeit eines solchen Falles halte ich eben bei Anwendung unserer heutigen bakteriologischen Technik für ausgeschlossen. Ist doch selbst für die immer wieder als Schulbeispiel der «Toxinämie» angeführten Infektionskrankheiten, D i p h t h e r i e und T e t a n u s, schon vor vielen Jahren der Übertritt der Bazillen in die inneren Organe (speziell Milz), zum Teil sogar ins strömende Blut, einwandsfrei nachgewiesen worden[64])[65])!

Wir schließen uns daher rückhaltlos der bereits durch v. H e r f f[66]) vertretenen Anschauung an, die k l i n i s c h einzig und allein nach dem Geruche des Wochenflusses, p a t h o l o g i s c h - a n a t o m i s c h hingegen überhaupt nicht mögliche Scheidung der puerperalen Endometritis in eine Endometritis s e p t i c a und p u t r i d a vollständig fallen zu lassen, und durch die Bezeichnung « E n d o m e t r i t i s p u e r p e r a l i s» den Hauptnachdruck auf die L o k a l i s a - t i o n d e s I n f e k t i o n s p r o z e s s e s i m E n d o m e t r i u m zu legen. Dann werden wir von vornherein nicht in Versuchung kommen, durch vieles — bei der bestehenden Putrescenz a n g e b l i c h ungefährliches! — Manipulieren in dem entzündeten Gewebe den glücklich lokalisierten Infektionsprozeß in eine Allgemeininfektion umzuwandeln!

<hr>

[63]) W a l t h a r d, bei v. H e r f f, Kindbettfieber, 1906, p. 532.

[64]) F r o s c h, Die Verbreitung des Diphtheriebacillus im Körper des Menschen. Z. f. Hyg. u. Inf., Bd. 13, 1893, p. 49.

[65]) C r e i t e, Zum Nachweis von Tetanusbazillen in Organen des Menschen. C. f. B., Orig. I, Bd. 37, 1904, p. 312.

[66]) v. H e r f f, Das Kindbettfieber, 1906, p. 721.

Wer dagegen der etwa bestehenden Putrescenz als prognostisch günstigem Zeichen einen gewissen Wert zuerkennt, mag in solchen Fällen dies auch weiterhin durch den Zusatz «putrida» zum Ausdruck bringen. Dieses «Epitheton ornans» darf aber nicht mehr im alten Sinne eines Gegensatzes zur «septisch-infektiösen» Endometritis aufgefaßt werden, sondern es soll bloß ein klinisch besonders auffälliges Symptom der immer infektiösen puerperalen Endometritis kennzeichnen!

Daß ebenso wie das «Fieber in der Geburt» auch die sogenannte «physiologische Geburtssteigerung» heute als Ausdruck der Reaktion des Organismus auf einen im Genitale sich abspielenden Infektionskampf leichtester Art angesehen werden muß, scheint mir schon zur Genüge aus der Tatsache hervorzugehen, daß ich immer in solchen Fällen im Scheidensekret reichlich pathogene Mikroorganismen, sehr häufig sogar in Reinkultur vorfand; meist werden wir diese Temperatursteigerungen am Abend des Tages der Niederkunft als Ausdruck einer endogenen Infektion geringsten Grades aufzufassen haben.

VI. Therapeutische Schlußfolgerungen.

Da der Duncanschen Saprämielehre wegen ihrer häufig so frappanten therapeutischen Erfolge im Gegensatz zu unserer Machtlosigkeit bei den «echten puerperalen Infektionen» von jeher, speziell seitens des Klinikers, eine besondere praktische Bedeutung zuerkannt wurde, müßte es entschieden als Lücke in meinen Erörterungen empfunden werden, wollte ich nicht auch auf die therapeutischen Schlußfolgerungen etwas näher eingehen, die wir aus dem Fallen der Saprämielehre und der Würdigung jeder Art des Kindbettfiebers als «echtes Infektionsfieber» zu ziehen haben.

Aus unseren, besonders den in den Abschnitten II—IV niedergelegten Erörterungen über die Entstehung und das

Wesen der puerperalen Wundinfektion, geht ohne weiteres hervor, daß die wirksamste Bekämpfung des Kindbettfiebers in der P r o p h y l a x e zu suchen ist, aber nicht bloß in einer Prophylaxe, die lediglich die Zerstörung der exogenen und endogenen Keime ins Auge faßt, sondern ebensosehr in einer Prophylaxe, die auf eine wirksame A u s s c h a l t u n g d e r i n f e k t i o n s b e g ü n s t i g e n d e n F a k t o r e n hinzielt.

Da kommt zunächst bei der vorzeitigen Schwangerschaftsunterbrechung, beim A b o r t in Betracht, daß zurückgebliebene Eiteile möglichst rasch entfernt werden sollen, da sie sonst, selbst wenn keinerlei Eingriff vorgenommen wurde, früher oder später der endogenen Infektion verfallen und so zu einem Infektionsherd für den gesamten mütterlichen Organismus werden können.

Dieses Prinzip der möglichst f r ü h z e i t i g e n A u s r ä u m u n g des Uterus wird auch bei den bereits in den Infektionskampf eingetretenen Fällen aufrecht erhalten werden müssen, weil durch Ausschaltung des primären Herdes der Organismus im allgemeinen mit den übrigbleibenden Infektionserregern viel leichter und schneller fertig werden wird. Natürlich müssen wir dabei darauf bedacht sein, das im Infektionskampf vom Organismus bereits eroberte Terrain nicht zu schädigen und nicht durch unseren Eingriff dem Feinde neue Einfallstore zu schaffen!

Insofern scheint die W i n t e r sche Warnung vor der C u r e t t e, deren Anwendung für den puerperalen Uterus n a c h r e i f e r G e b u r t ja «in Deutschland seit mehreren Jahren von den meisten Lehrern und Autoren gänzlich verworfen wird» [1], auch für den fieberhaften Abort entschieden berechtigt zu sein; denn wenn auch rein statistisch sich ein Nachteil der Curettage nicht ohne weiteres nachweisen läßt [2], so geht doch die Möglichkeit einer infektionsbegünstigenden Wirkung der Curettage sofort daraus hervor, daß die scharfe Curette viel mehr als der stumpf arbeitende Finger tiefgehende frische Wunden setzt, die thrombosierten Venen an der Pla-

---

[1] cf. W i n t e r. Lokale Behandlung puerperaler Wundinfektionen. Referat beim XIII. Kongreß der D. Ges. für Gyn., 1909, p. 94.

[2] cf. meine Zusammenstellung fieberhafter Aborte. H a m m, M. m. W., 1912, p. 867. Tabelle 1.

centarstelle bloßlegt (Pourtalès)[3]), den gebildeten Demarkationswall zerstört und so zu neuer Gewebsinfektion auf der ganzen inneren Uterusfläche führen kann. Sind die Keime im Uteruscavum nicht besonders virulent, so wird ja auch diese erneute Bakterieninvasion vom Organismus leicht überwunden werden, handelt es sich aber um eine hochvirulente Infektion, so kann doch der jetzt von einer viel größeren Angriffsfläche aus erfolgende Bakteriensturm genügen, um die Schutzkräfte des Organismus schnell und definitiv lahm zu legen.

Daß wir von diesem Standpunkte der **schonenden** aber immerhin nicht rein konservativen Behandlung der Aborte, der fieberfreien, wie der fieberhaften, auch in den Fällen nicht abweichen dürfen, wo im Scheidensekret hämolytische Streptokokken nachgewiesen werden, wie Winter[4]) es neuerdings möchte, geht aus unseren Anschauungen über die Bedeutung der Hämolyse für die Virulenz ohne weiteres hervor. Wir möchten uns auch heute noch für die Behandlung des fieberhaften Aborts an das von Winter[5]) auf dem Straßburger Gynäkologenkongreß (1909) aufgestellte Prinzip halten: «Die Entfernung der faulenden Massen soll möglichst nur mit dem Finger vorgenommen werden und Reste von adhärierenden Fetzen soll man möglichst spontan sich eliminieren lassen. Wenn durch gleichzeitige Blutungen eine sofortige Entfernung notwendig wird, darf bei Insufficienz des Fingers eine breite Curette zu Hilfe genommen werden.»

Ebenso wie die Behandlung des fieberhaften Aborts ist auch unser therapeutisches Vorgehen beim Fieber in der Geburt, speziell dank den Bemühungen der Winterschen Schule, zurzeit Gegenstand lebhafter Diskussion. Sachs[6]) hat als erster den Versuch gemacht, auch für die Behandlung der Infektion unter der Geburt — denn Fieber in der Geburt ist ja nach unserer heutigen Auffassung immer

---

[3]) Pourtalès, Arch. für Gyn., Bd. 57, 1899, p. 45.
[4]) Winter, Zur Prognose und Behandlung des septischen Aborts. C. f. Gyn., 1911, p. 569.
[5]) Winter, Verhandlungen, p. 96.
[6]) Sachs, Bakteriologische Untersuchungen beim Fieber während der Geburt. Z. f. G. G., Bd. 70, 1912, p. 222.

identisch mit Infektion! — eine «bakteriologische Indikation» aufzustellen, dahingehend, daß speziell bei den durch hämolytische Streptokokken bedingten Geburtsinfektionen eine schonende Entbindung wichtiger sei, als eine schnelle Entbindung (p. 276), während man bei Fehlen dieser «virulenten» Keime aktiver vorgehen könne.

Ich habe dieser Forderung von Sachs zunächst entgegenzuhalten, was er übrigens auch selber zugibt (p. 277), daß uns zu der Zeit, wo wir bei der fiebernden Kreißenden vor die Frage eines therapeutischen Eingriffs gestellt sind, selbst in der Klinik nur in den seltensten Fällen bereits das kulturelle Resultat der Scheidensekretuntersuchung zur Verfügung stehen wird; aber sogar wenn wir wüßten, daß vor ca. 20 Stunden keine hämolytischen Streptokokken aus der Scheide gewachsen sind, so ist damit doch noch lange nicht gesagt, daß nicht zu der Zeit, wo man sich «auf Grund dieses bakteriologischen Untersuchungsbefundes entschließen sollte, aktiver vorzugehen» zahlreiche hämolytische Streptokokken im Scheidensekret aufgetreten sind!

Der Versuch, auch beim Fieber in der Geburt eine «bakteriologische Indikation» aufzustellen, scheint mir daher lediglich ein gewisses theoretisches Interesse beanspruchen zu können, das dadurch noch an Bedeutung verliert, als wir ja durchaus nicht alle hämolytischen Streptokokken als virulent ansehen dürfen!

Zwei von uns jüngst beobachtete Beispiele mögen dieses illustrieren: in beiden Fällen setzte das Fieber in der Geburt mit einem Schüttelfrost ein, in beiden Fällen fand sich in der Scheide eine Reinkultur hämolytischer Streptokokken, in beiden Fällen ließen sich die Keime unter der Geburt auch im Blut in Reinkultur nachweisen, bei beiden Fällen erfolgte die Geburt spontan ohne irgendwelche Weichteilverletzungen, — und doch machte die eine Frau ein absolut fieberfreies Wochenbett durch, während die andere am 5. Wochenbettstag an peritonealer Sepsis einging!

Der 1. Fall ist auf Seite 50 bereits ausführlich be- schrieben[7]).

---

[7]) Geb.-J. Nr. 65, 1912.

Der 2. Fall ist folgender:

Frau B. J., Geb.-J. Nr. 251, 1912, VII. Geb. 30 Jahre alt. Früher nie ernstlich krank. 6 Geburten innerhalb 8 Jahren, wegen einfach platten Beckens meist operativ beendigt; letzte Geburt vor 2 Jahren; Wochenbetten immer glatt verlaufen, 3 Kinder tot geboren. Letzte Regel Ende Mai 1911. Seit dem IV. Schwangerschaftsmonat häufig unbestimmte Schmerzen in der linken Nierengegend, im Urin aber noch 6 Wochen vor der Entbindung nichts pathologisches nachweisbar, auch keine lokale Druckempfindlichkeit. S e i t h e r   n i c h t   m e h r   v a g i n a l   u n t e r s u c h t!

Am 17. III. 1912 z u   H a u s e, 5 h. p. m. plötzlich Eintritt eines heftigen S c h ü t t e l f r o s t e s, ohne irgendwelche Schmerzen im Leib; nachher starker Schweißausbruch, viel Durst; ab und zu Auftreten einer Wehe, deshalb 10 h. p. m. Eintritt in die Klinik. Temp. 39,2°, Puls 104! Muttermund zweimarkstückgroß, Cervix noch 2—3 cm lang, Blase steht. Eine extragenitale Ursache für das Fieber ist nicht aufzufinden, speziell enthält der Urin bloß eine Spur Albumen, aber keine Leukocyten, keine Zylinder, die Kultur bleibt steril! In dem vor der Untersuchung entnommenen Scheidensekret wächst eine Reinkultur stark hämolytischer Streptokokken. Wehen zunächst bloß alle 10 Minuten, vom 18. III. früh ab alle 5 Minuten, um 8 h. 30 a. m. Muttermund erst fünfmarkstückgroß, Leitpunkt des Kopfes noch 2 Querfinger über der Spinallinie. Daher wird zwecks schnellerer Beendigung der Geburt, da Portio und Cervix jetzt völlig verstrichen sind, 1 Ampulle Pituglandol injiziert. Wehen dadurch etwas kräftiger und häufiger, lassen aber bald wieder nach, ebenso nach der zweiten Injektion von Pituglandol um 10 h. 50 a. m. Auf Injektion einer Ampulle Pituitrin (à 0,2) 12 h. mittags treten bedeutend kräftigere Wehen auf, die Frau preßt mit, so daß nach 30 Minuten mit Hilfe des Kristellerschen Handgriffs der Kopf in Vorderhauptslage geboren wird (18. III. 12 h. 30 p. m.).

Die Temperatur, die beim Eintritt 39,2° betragen hatte, sank am 18. III. 3 h. 30 a. m. auf 38°, stieg dann wieder um 7 h. a. m. auf 39,2° und betrug um 10 h. a. m. bloß noch 37,8°. Der Puls hingegen blieb frequent, 100 bis 120 Schläge pro Minute.

Die vorher immer regelmäßigen Herztöne des offenbar großen Kindes waren plötzlich zu Beginn der Austreibungsperiode nicht mehr zu hören; das Kind war bei der Geburt frisch tot; 51 cm lang. Gewicht 3850 g. Die Placenta folgte 3 Minuten später spontan. Desinfizierende Unterspülung. Secacornin.

In dem um 10 h. a. m. bei 37,8° entnommenen A r m v e n e n b l u t wächst auf allen Nährboden, aerob wie anaerob, eine Reinkultur von S t r e p t o c o c c u s   h a e m o l y t i c u s   v u l g a r i s, ca. 150 Kolonien in 20 ccm Blut. Das direkt nach der Geburt entnommene Nabelvenenblut ist hingegen so mit Streptokokken durchsetzt, daß bei der Aussaat von bloß ·10 ccm Blut auf 80 ccm Agar die ganze Platte so mit Keimen übersät ist, daß von einem Zählen der Kolonien nicht mehr die Rede sein kann.

Ebenso wachsen aus dem Mund, sowie aus der Scheide des K i n d e s beim Oberflächenausstrich unheimlich viel hämolytische Streptokokken, auch

die inneren Organe des Kindes (Milz, Leber, Nieren) finden sich mit Streptokokken dicht durchwachsen; massenhaft Streptokokken im Herzblut!
Anaerob keine anderen Keime nachweisbar.

In dem 2 Stunden ante partum entnommenen U r i n wächst jetzt ebenfalls Reinkultur von Streptokokken.

	Temperatur		Puls	
	früh	abends	früh	abends
18.	37,8°	39,9°	108	128
19.	38,5°	38,6°	104	108
20.	38,4°	39°	108	130

18. III. Die Frau ist abends stark cyanotisch, der Puls klein, weich.
Kopfweh, Sensorium frei.

19. III. Abdomen stark meteoristisch aufgetrieben, abends in den abhängigen Partien geringe Dämpfung. Winde gehen nicht ab. Das Blut ist
trotz der Entnahme von bloß 10 ccm so mit Keimen überschwemmt, daß
auf der Platte bloß noch ganz vereinzelte Blutinseln zwischen den hämolytischen Höfen sichtbar sind. Am nächsten Tage finden sich hingegen in
5 ccm Blut, bei zunehmenden peritonitischen Symptomen, aber nicht ver-
schlimmertem Allgemeinzustand nur noch 50 Kolonien stark hämolytischer
Streptokokken; in einem Tropfen 4 Kolonien (also h o c h g r a d i g e
K e i m a b n a h m e   i m   B l u t   t r o t z   f o r t s c h r e i t e n d e r   S e p s i s!!).

20. III. 4,30 p. m. zum ersten Male Erbrechen. An der rechten Wade
10 cm lange, 1—2 cm breite, umschriebene Rötung und Schmerzhaftigkeit in
der Haut: septische Metastase! Zunehmende C y a n o s e trotz Herzexci-
tantien. Sensorium völlig frei.

Leider kann nicht verhindert werden, daß die Frau am 20. III. 6 h. p. m.
nach Hause geholt wird, wo sie am 22. III. 7 h. a. m. ihrer Infektion unter
zunehmenden Symptomen der Peritonitis erliegt. Sektion nicht möglich!

Hätten wir hier durch die Autopsie nachweisen können, daß
eine metastatische Infektion, vielleicht von einem Eiterherde
aus, auf den die seit dem IV. Graviditätsmonat bestehenden
Klagen über Schmerzen in der linken Nierengegend vielleicht
hinweisen könnten, mit Sicherheit ausgeschlossen werden
kann, so hätten wir in diesem Falle eine jener offenbar enorm
seltenen   s p o n t a n e n   e n d o g e n e n   I n f e k t i o n e n   in
der Geburt zu erblicken, die ohne irgendwelchen operativen
Eingriff zum Tode geführt hat. Aber so kommen wir hier über
Vermutungen leider nicht hinaus.

Wohl spricht mir der Befund von so massenhaften Streptokokken im Nabelvenenblut gegenüber dem viel geringeren
Keimgehalt des mütterlichen Blutes, ferner die Anwesenheit
von so unendlich zahlreichen Keimen im Munde des Kindes

sowie in dessen Vagina mit großer Wahrscheinlichkeit für eine primäre Fruchtwasserinfektion durch Ascension von Scheidenstreptokokken, aber ich vermag nichts als diesen Wahrscheinlichkeitsbeweis zu erbringen.

Immerhin kann der fatale Ausgang nicht einem operativen Eingriff zur Last gelegt werden! Allerdings glaube ich ebensowenig, daß es möglich gewesen wäre, die Frau durch die früher ausgeführte Operation zu retten; denn wenn meine Vermutung zu Recht besteht, daß die Streptokokken durch die intakte Fruchtblase hindurch in die Eihöhle ins Fruchtwasser und schließlich in den mütterlichen Organismus gelangt sind (Schüttelfrost ca. 20 Stunden ante partum!), so spricht das für ein außergewöhnlich schnelles P r o l i f e r a t i o n s v e r - m ö g e n dieses Stammes; hingegen muß ihm eine relativ geringe spezifische Giftigkeit eigen gewesen sein, sonst wäre es nicht denkbar, wie die Patientin bei einem Streptokokkengehalt des Blutes am 2. Wochenbettstage, wie ich ihn sonst höchstens in schwerer Agone oder postmortal angetroffen habe, noch 3 Tage leben und sogar eine bedeutende Herabsetzung der Keimzahl in ihrem Blute erzwingen konnte!

Dieser Fall zeigt auch in eklatanter Weise, worauf in neuerer Zeit besonders W i r z[8]) aus der v. H e r f f schen Klinik hinweis, daß die H ö h e   d e s   F i e b e r s nur wenig Anhaltspunkte für die Schwere der Infektion gibt, daß wir in der genauen Beobachtung des Allgemeinbefindens und besonders des P u l s e s einen viel zuverlässigeren Maßstab haben. Dabei darf natürlich nicht außer acht gelassen werden, worauf ich früher ausführlich eingegangen bin[9]), daß es gar nicht so selten Frauen mit h a b i t u e l l   f r e q u e n t e m   P u l s e gibt, daß also erst eine unter unseren Augen sich einstellende Pulsbeschleunigung mit Sicherheit die beginnende Infektion anzeigt. Eine andauernde Pulsfrequenz von über 120 Schlägen wird allerdings, bei fehlender Blutung, wohl immer als Folge von Infektion aufzufassen sein!

Wenn ich den Standpunkt von S a c h s, bei bestehender Infektion sub partu, j e   n a c h   d e m   v o r l i e g e n d e n

---

[8]) W i r z, Hegars Beiträge, Bd. 14, 1909. p. 430.

[9]) H a m m, Gibt es eine physiologische puerperale Bradycardie? Preisschrift der mediz. Fakultät, Straßburg, 1903.

K e i m g e h a l t der Scheide aktiv oder streng konservativ vorzugehen, als praktisch undurchführbar ablehne, so scheint mir doch seine Schlußfolgerung, daß bei a l l e n infizierten Fällen eine schonende Entbindung wichtiger ist, als eine schnelle Entbindung, um so beherzigenswerter als wir ja heutzutage im H y p o p h y s e n e x t r a k t ein Mittel besitzen, das uns in den meisten Fällen eine Beschleunigung der Geburt, vielfach auch die Umgehung eines operativen Eingriffs ermöglicht!

Zu dem Ergebnis, daß, je konservativer der Arzt sich bei Fieber unter der Geburt verhält, um so günstiger die Prognose für den Verlauf des Wochenbetts sich gestaltet, waren bereits I h m [10]) und W i r z [11]) auf Grund ihrer statistischen Arbeiten gelangt. Ich glaube aber nicht, daß wir soweit gehen dürfen, bei diesem konservativen Standpunkt jeden operativen Eingriff als unzulässig anzusehen. Auch hier möchte ich meinen, daß die Art der gesetzten Wunden von ausschlaggebender Bedeutung sein wird. Durch Anlegen glatter Schnittwunden (Muttermundsinzisionen, Hymenschnitte, Episiotomie) werden wir viel weniger schaden, als durch Riß- und Quetschwunden; durch eine schonende Beckenausgangszange werden wir den Beckenboden meist nicht mehr zur Infektion prädisponieren, als durch eine stundenlange Überdehnung mittels des nicht vorwärts rückenden Schädels.

Auch hier, bei der fieberhaften Geburt stellt, wie beim fieberhaften Abort, die richtige Abwägung des von Prof. F e h l i n g seit Jahren vertretenen Grundsatzes: m ö g - l i c h s t b e s c h l e u n i g t e , a b e r a u c h m ö g l i c h s t s c h o n e n d e E n t b i n d u n g, an die Erfahrung und Geschicklichkeit des Geburtshelfers die größten Anforderungen. Gibt doch auch S a c h s [12]) zu, daß die Infektionsgefahr für das Wochenbett mit der längeren Dauer des Fiebers in der Geburt wächst, nur betont er, daß diese Gefahr bedeutend übertroffen werde durch die Gefahr, in die wir unsere Wöchnerinnen durch die gelegentlich unserer Eingriffe gesetzten

---

[10]) I h m, Über die Bedeutung des Fiebers in der Geburt. Z. f. G. G., Bd. 52, 1904, p. 30.

[11]) W i r z, Fieberhafte Geburten und deren Wochenbettprognose. Beitr. z. Geb. u. Gyn., Bd. 14, 1909, p. 398.

[12]) S a c h s, l. c. p. 274.

Verletzungen erst bringen. Wenn wir daher die Möglichkeit haben, durch P i t u i t r i n allein die Geburt schnell zu Ende zu führen, so werden wir diese konservative Methode in jedem Falle einem operativen Eingriff vorziehen, und ich glaube, daß die Entdeckung H o f b a u e r s gerade für solche Fälle eine besonders segensreiche ist und weitgehendste Berücksichtigung verdient!

Ich muß hier kurz Stellung nehmen zu einem kürzlich erschienenen Aufsatze R i e c k s [13]), der sich bei seiner Ablehnung des Pituitrins für das Privathaus auf meine Ausführungen [14]) beruft. Ich habe allerdings darauf hingewiesen, daß wir bei zu frühzeitiger Verabreichung der Hypophysenpräparate, nämlich b e i n o c h m a n g e l h a f t e r E n t f a l t u n g d e s u n t e r e n U n t e r i n s e g m e n t e s (B a y e r) [15]), ähnlich wie mit den Ergotinpräparaten, auch mit Pituitrin T e t a n u s u t e r i und S t r i k t u r hervorrufen, die besonders bei Fehlgeburten den Fortgang der Geburt erheblich erschweren können; und einen ähnlichen Fall hat R i e c k beobachtet!

R i e c k schießt aber mit der aus seiner Beobachtung gezogenen Schlußfolgerung, das Pituitrin sei dem praktischen Arzte ebensowenig als wehenbeförderndes Mittel anzuraten, wie die Ergotinpräparate, weit über das Ziel hinaus! Auch der Fall R i e c k s ist nichts weiter als ein neuer Beleg für die von mir verlangte E i n s c h r ä n k u n g d e r I n d i k a t i o n s b r e i t e der Pituitrinverabreichung! Das Pituitrin darf eben erst dann gegeben werden, wenn wir nicht mehr mit einer ungenügenden Entfaltung des unteren Uterinsegmentes zu rechnen haben, und wenn andererseits die Wehentätigkeit bereits deutlich im Gang ist! Vorher tritt als wehenanregendes Mittel der galvanische Strom nach B a y e r [16]) in sein Recht.

---

[13]) R i e c k, Pituitrin als Wehenmittel im Privathause nicht zu empfehlen, M. m. W., 1912, p. 816.

[14]) H a m m, Hypophysenextrakt als Wehenmittel bei rechtzeitiger und vorzeitiger Geburt. M. m. W., 1912, Nr. 2, p. 77.

[15]) B a y e r, Der Isthmus uteri und die Placenta isthmica. Hegars Beiträge für Geb. u. Gyn., Bd. 14, 1909, p. 23.

[16]) B a y e r, Über die Bedeutung der Elektrizität in der Geburtshilfe und Gynäkologie, insbesondere über die Einleitung der künstlichen Frühgeburt durch den konstanten Strom. Z. f. G. G., Bd. 11, 1885, p. 88, und V o l k m a n n s Sammlung klin. Vorträge, Nr. 358.

Nach unseren bisherigen Erfahrungen — wir verfügen bis jetzt (Mai 1912) über 10 Fälle, die Herr Dr. V o g e l s b e r g e r ausführlich mitteilen wird — gelingt es mit Hilfe des g a l - v a n i s c h e n S t r o m e s in den letzten Schwangerschafts- monaten immer [17]), eine gute Wehentätigkeit, auch bei dem noch absolut ruhenden Uterus, in die Wege zu leiten. In einem Falle am berechneten Geburtstermin genügte mir eine einzige Sitzung zur Einleitung der Geburt, meist waren deren 2 oder 3, zuweilen auch noch mehr notwendig; jedenfalls hat die Methode bisher nie geschadet; denn außer belanglosen, oberflächlichen Brandschorfen in der Cervix haben wir nie den geringsten Nachteil davon gesehen, weder für Mutter noch Kind!

Da die Galvanisation nach B a y e r die einzige Methode darstellt, bei Erhaltenbleiben der Fruchtblase W e h e n a n z u - r e g e n ohne gleichzeitig eine Sekretretention im Uterus her- vorzurufen und ohne irgendwelche i n t r a u t e r i n e n Ein- griffe vorzunehmen, möchten wir sie, nicht zuletzt im Hinblick auf die Prophylaxe der puerperalen Wundinfektion, warm empfehlen!

Wenn H o f b a u e r [18]) neuerdings die von mir hervorge- hobene Gefahr der Strikturbildung infolge zu frühzeitiger Pituitrinverabreichung bei Fehlgeburten sowie bei Placenta praevia als «eine t h e o r e t i s c h k o n s t r u i e r t e K o m - p l i k a t i o n» hinstellt, bloß aus dem Grunde, weil in Königs- berg «niemals derartige Strikturien der Cervix bei Geburten reifer Kinder beobachtet» wurden, so beweist das aufs Neue die Schwierigkeit des Verständnisses dieser Frage für den- jenigen, der die grundlegenden Arbeiten B a y e r s über die Entstehung des unteren Uterinsegmentes nicht genügend würdigt.

Es ist s e l b s t v e r s t ä n d l i c h, daß bei Geburten am Ende der Gravidität Strikturen nicht mehr beobachtet werden, weil hier das untere Segment in der Regel entfaltet ist; bloß bei mangelhafter Entfaltung des Uterinsegmentes, also vor allem

---

[17]) Anmerkung bei der Korrektur: Jüngst versagte allerdings die Me- thode in einem Fall im letzten Graviditätsmonat, wo die Uterusmuskulatur überhaupt nicht elektrisch reizbar war; auf diese Möglichkeit hat bereits B a y e r aufmerksam gemacht.

[18]) J. H o f b a u e r, Die Verwendung der Hypophysenextrakte in der praktischen Geburtshilfe, M. m. W., 1912, p. 1212.

in früheren Graviditätsmonaten oder eventuell bei Placenta praevia, wird die Verstärkung einer «physiologischen Striktur» durch Pituitrin hervorgerufen werden können!

Hofbauer müßte mithin zunächst einmal unter den gleichen Versuchsbedingungen wie ich arbeiten, um meine exakt festgestellten Befunde in das Gebiet der «theoretischen Konstruktionen» zu verweisen; aber gerade hier zeigt sich allerdings die Wichtigkeit der richtigen Theorie für die Möglichkeit des Verständnisses tatsächlicher Vorkommnisse! Dadurch, daß wir derartige Befunde übersehen oder nicht am richtigen Orte suchen, sind sie noch nicht aus der Welt geschafft. Dies gilt sowohl für die Strikturen wie für die Strikturrisse!

Außer den direkt zur Infektion disponierenden Momenten (Tamponade, Metreuryse, Placenta praevia, abnorm lange Geburtsdauer) wird allgemein als Hauptursache für den Eintritt von Fieber in der Geburt der vorzeitige Blasensprung verantwortlich gemacht. Bei der Bedeutung, die wir der endogenen Infektion heute zuerkennen müssen, erscheint diese Tatsache sofort verständlich, und ich glaube, daß wir auch hier, jetzt, wo wir die Mittel dazu haben, uns prophylaktisch mehr als bisher von den Folgen dieses infektionsbegünstigenden Momentes zu schützen suchen müssen!

Es unterliegt keinem Zweifel, daß bei vorzeitigem Fruchtwasserabgang jederzeit die Möglichkeit der Spontanascension der Scheidenkeime in die Eihöhle mit den daraus resultierenden Gefahren für Mutter und Kind gegeben ist. Wenn nun auch die Gefahr der endogenen Infektion für die Mutter im allgemeinen eine unbedeutende sein mag, — Bondy[19]) hat jüngst allerdings auch hierher gehörige Todesfälle beschrieben! — so scheint mir doch gerade für das Kind diese Gefahr immer noch zu wenig gewürdigt zu werden, jedenfalls hauptsächlich deshalb, weil man bisher das Geburtsfieber meist durch «unschuldige Saprophyten» hervorgerufen wähnte.

Immerhin berichtet schon Glöckner[20]) bei fieberhaft Kreißenden über eine kindliche Mortalität von 38,4 %. Win-

[19]) Bondy, Über puerperale Infektion durch anaerobe Streptokokken. M. f. G. G., Bd. 34, 1912, p. 536.

[20]) Glöckner, Z. f. G. G., Bd. 21, 1891, p. 416.

t e r [21]) fand *22 %*, K r ö n i g [22]) 43 %, I h m [23]) 18 %, H e l l e n - d a l l [24]) 19 % Mortalität des Kindes als Folge der Infektion. Ich möchte daher besonders im Interesse des Kindes den Grundsatz aufstellen, b e i j e d e m F a l l v o n v o r - z e i t i g e m F r u c h t w a s s e r a b g a n g, bei dem nicht innerhalb 24 Stunden spontan die Wehen einsetzen, die G e b u r t d u r c h G a l v a n i s a t i o n i n G a n g z u b r i n g e n. Ich glaube, daß wir dadurch manches kindliche Leben retten und manchen schweren Ikterus, manche Enteritis, manche «Pneumonie» der ersten Lebenstage vermeiden werden [25]).

Da wir durch die einwandfreien Tierexperimente H e l l e n- d a l l s [26]), die klinischen Erfahrungen von D é m e l i n, I h m, L e h m a n n, C h a r p e n t i e r, B r i e g l e b, L i n d e n t h a l, M a u r i c e a u, J e n c k und S c h u h l [27]), sowie die bakterio- logischen Untersuchungen von K r ö n i g [28]), J e a n n i n [29]), F e h l i n g [30]) u. a. unbedingt auch mit der Möglichkeit einer F r u c h t w a s s e r i n f e k t i o n b e i n o c h s t e h e n d e r B l a s e rechnen müssen, sei es auf cervicalem, tubarem oder placentarem Wege, wird man gut daran tun, bei Fieber in der Geburt, selbst trotz stehender Blase, immer zunächst an eine genitale Infektion zu denken und bei Ausschluß einer extra- genitalen Infektion die nötigen Konsequenzen daraus zu ziehen!

Mit der Geburt des Kindes ist aber die Infektionsgefahr für die Mutter noch nicht beendigt; denn wenn auch durch die Loslösung der Placenta bei der letzten Austreibungswehe die direkte Kommunikation zwischen dem bei der Fruchtwasser- infektion mit Keimen durchwucherten Ei und dem mütterlichen Organismus unterbrochen ist, so werden doch die Bakterien

---

[21]) W i n t e r, Z. f. G. G., Bd. 23, 1892, p. 208.

[22]) K r ö n i g, Bakteriologie der Kreißenden, 1897, p. 156.

[23]) I h m, Z. f. G. G., Bd. 52, 1904, p. 30.

[24]) H e l l e n d a l l, Hegars Beiträge, Bd. 10, 1906, p. 333.

[25]) cf. K n ö p f e l m a c h e r, Die Krankheiten des Neugeborenen, in P f a u d l e r und S c h l o ß m a n n s Handb. der Kinderheilkunde, II. Aufl., Bd. I, 1910, p. 378—381.

[26]) H e l l e n d a l l, l. c. p. 354—374.

[27]) cit. n. H e l l e n d a l l, l. c., p. 322.

[28]) K r ö n i g, Bakteriologie, 1897, p. 144.

[29]) J e a n n i n, Thèse de Paris, 1902, p. 58.

[30]) F e h l i n g, M. m. W., 1907, Nr. 27.

schnell durch das retroplacentare Hämatom hindurchwachsen und bald wieder zahlreich in die zum Teil noch offenen Gefäßlumina eindringen, worauf auch B o n d y [31]) neuerdings hinweist.

Bei solchen Fällen ist aber auch die Massage des Uterus nach C r e d é zur schnelleren Ausstoßung der Placenta deswegen zu verwerfen, weil durch das Massieren Keime aus dem Uterusinnern in die Blut- und Lymphgefäße, sowie in die Saftspalten hineingepreßt werden, und so ihr Eindringen in den Organismus begünstigt wird. Deshalb hat Prof. F e h l i n g für diese Fälle fieberhafter Geburt seit langem das Prinzip der «a b g e k ü r z t   e x s p e k t a t i v e n»   N a c h g e b u r t s - l e i t u n g aufgestellt, das diesen beiden infektionsbegünstigenden Momenten zu steuern sucht, dem Hineinwachsen der Keime in den Uterus durch frühzeitige Expression der Placenta (nach ½ Stunde!), dem «Hineinmassiertwerden» der Infektionserreger durch Vermeidung jeder unnötigen Berührung des Uterus.

Ist so der Infektionsherd vollständig entfernt und der Geburtsschlauch durch eine in solchen Fällen immer von uns vorgenommene desinfizierende Uterusspülung möglichst gereinigt, die Uterusmuskulatur durch reichliche S e c a c o r n i n - gaben zur tüchtigen Retraktion angehalten, dann wird es dem Organismus überlassen werden müssen, mit den in ihn eingedrungenen Keimen fertig zu werden! Es sind also viel weniger die im Fruchtwasser gebildeten «toxischen Stoffwechselprodukte», die wir fürchten, als die von der infizierten Eihöhle in das mütterliche Gewebe gelangenden Mikroorganismen, mögen dies nun aerobe oder anaerobe, hämolytische oder anhämolytische Keime sein; sie alle können einmal eine tötliche Infektion setzen!

Daß wir bei bestehendem Fieber, wenn irgend angängig, weder Kaiserschnitt noch Pubitomie ausführen, ist ein allgemein anerkannter Grundsatz, den ich dahin erweitern möchte, daß wir auch b e i bloßer H a r n i n f e k t i o n ohne Fieber, wegen des nie ganz zu vermeidenden Kontakts zwischen den mit dem Urin ausgeschiedenen Bakterien und der Scham-

---

[31]) B o n d y, M. f. G. G., Bd. 34, 1912, p. 546.

wunde— wenn es sich dabei meist auch «bloß» um B. c o l i handelt —, v o n d e r A u s f ü h r u n g v o n P u b i t o m i e u n d S y m p h y s i o t o m i e a b s e h e n sollten! Ist doch unser Fall von tötlicher Colipyämie (B l u m e n t h a l und H a m m)[32]) gerade von einer Pubitomiewunde ausgegangen!

Bei Verdacht auf R e t e n t i o n v o n P l a c e n t a r - r e s t e n wird die Austastung des Uterus direkt nach der Geburt viel weniger zu fürchten sein als im Wochenbett; wir werden daher das fehlende Stück möglichst sofort nach der Geburt der Placenta zu entfernen suchen, natürlich nach vorheriger gründlicher Desinfektion der Scheide. Hingegen lassen wir r e t i n i e r t e E i h a u t f e t z e n ruhig zurück, weil man schon zur Zeit, als die Saprämielehre noch allgemein anerkannt war, die Erfahrung gemacht hatte, daß die Manipulationen bei dem oft recht schwierigen Herausholen dieser glatten, zarten Membranen meist viel schädlicher sind, als der durch die zurückgebliebenen Eihäute geschaffene Infektionsherd, der sowieso nur in einem recht losen Kontakt mit der Uteruswand steht; durch regelmäßige Scheidenspülung und Secacorningaben läßt sich die bestehende Infektionsdisposition auf ein Minimum reduzieren!

Ist die Retention eines P l a c e n t a r r e s t e s bei der Geburt übersehen worden, so werden wir meist erst i m S p ä t - w o c h e n b e t t, wo diese Stücke dann immer direkt mit Infektionserregern durchwachsen sind, vor die Frage gestellt, sollen wir das Placentarstück entfernen oder nicht? — W i n t e r[33]) hat auch hier einem strengen Konservativismus das Wort geredet; er will sich bloß durch schwere Blutungen zum Eingreifen bestimmen lassen. Hingegen vertrat K e l l e r[34]) auf Grund der Resultate unserer Klinik den Standpunkt, die Reste möglichst bald zu entfernen, ehe sie zu tieferer Gewebsinfektion haben Veranlassung geben können.

Von diesem Standpunkte haben wir uns bisher durch keinerlei «bakteriologische Indikation» abbringen lassen; auf Grund unserer p. 85 mitgeteilten Erfahrung, wo nach völlig

---

[32]) B l u m e n t h a l und H a m m, Mitteil. a. d. Grenzgeb., Bd. 18, 1908, p. 659.

[33]) W i n t e r, Verhandl. der D. Ges. für Gyn., 1909, p. 96.

[34]) K e l l e r, ibid p. 319.

fieberfreiem Wochenbett, bei s t e r i l e m Befund der aeroben Blutagarplatte, durch eine etwas gewaltsame «Placentarrestlösung» am 9. Wochenbettstage eine tötliche Pyämie durch anaerobe Streptokokken verursacht wurde, möchte ich im Gegenteil ausdrücklich davor warnen, durch den fehlenden Nachweis von hämolytischen Streptokokken sich zu unvorsichtigen Eingriffen verleiten zu lassen! Nicht die Abwesenheit der oder jener — je nach der gerade herrschenden Mode mehr oder weniger gefürchteten — Keimart, sondern größtmögliche S c h o n u n g des mütterlichen Gewebes bei dem wegen der Blutung meist doch nicht zu umgehenden Eingriff, wird uns die besten Resultate garantieren!

Von der «energischen Lokalbehandlung», wie sie D u n c a n seinerzeit für diese Zustände «putrider Intoxikation» empfohlen hatte, ist man ja bereits abgekommen, bevor die Unhaltbarkeit der D u n c a n schen Theorie allgemeine Anerkennung gefunden hatte! Umso leichter sollten diese therapeutischen Grundsätze sich heute allgemein durchsetzen, wo auch die Theorie der puerperalen Wundinfektion auf einer einheitlichen Grundlage aufgebaut ist. —

Bloß als Mittel zur Unterstützung der E n t f e r n u n g d e s i n f e k t i o n s b e g ü n s t i g e n d e n S u b s t r a t e s sind auch bei der rein lokalen Wundinfektion die 2—3 mal täglich zu wiederholenden S c h e i d e n s p ü l u n g e n aufzufassen, und gerade aus diesem Grunde möchte ich den Spülungen mit 3 % W a s s e r s t o f f s u p e r o x y d l ö s u n g ganz besonders das Wort reden.

Es ist ja eine allgemein anerkannte Tatsache, daß wir mit unseren «desinfizierenden Spülungen» keineswegs im Stande sind, das im Entzündungszustande befindliche Gewebe auch nur für kurze Zeit keimfrei zu machen; denn da wo der Infektionskampf stattfindet, kommen wir mit unserem Desinficiens überhaupt nicht hin! Wir wollen bloß die durch den Infektionskampf zerstörten Gewebszellen, die den Keimen als Nährboden dienen, schonend beseitigen, und dazu eignet sich ganz hervorragend das zwischen lebendem und totem Gewebe stark demarkierende Wasserstoffsuperoxyd.

Von der U t e r u s s p ü l u n g bei puerperaler Endometritis wird man wegen der stets damit verbundenen Gefahr der Gewebsläsion wohl immer mehr abkommen; allerdings mag bei Abgang alter Blutklumpen oder reichlicher Gewebsfetzen eine e i n m a l i g e Uterusspülung auch heute noch berechtigt sein; ob dabei aber Putrescenz besteht oder nicht, bleibt für die Indikationsstellung zur Uterusspülung ziemlich gleich, da bei weitem nicht alle Endometritiden, die ohne Putrescenz einhergehen, durch Streptokokken bedingt sein müssen! Daß hingegen bei den Streptokokkeninfektionen die Uterusspülung meist ohne sichtbaren Erfolg für den Krankheitsverlauf bleibt, ja sogar schaden kann, hat K e l l e r[35]) ebenfalls aus dem Materiale unserer Klinik nachgewiesen.

Nicht die Keimart, sondern der Verdacht auf Retention abgestorbener Gewebszellen oder Stauung von Wundsekret gibt uns die Indikation zur reinigenden (nicht desinfizierenden) Uterusspülung. Hat sich die Infektion schon über die Geburtswunden hinaus verbreitet, so werden wir uns erst recht eine möglichste Zurückhaltung in unseren lokal-therapeutischen Maßnahmen auferlegen müssen.

Fast scheint es, als ob auch die Begeisterung für die chirurgische Behandlung des schweren Puerperalfiebers (cf. B u m m)[36]) wieder im Abnehmen begriffen sei! Jedenfalls werden die dazu geeigneten Fälle noch mehr wie bisher ausgesucht werden müssen, aber, wie mir scheint, m e h r n a c h k l i n i s c h e n und pathologisch-anatomischen, a l s n a c h b a k t e r i o l o g i s c h e n Gesichtspunkten!

---

[35]) K e l l e r, ibid., p. 318.

[36]) B u m m, Referat beim XIII. Kongreß d. D. Ges. f. Gyn., 1909, p. 105 bis 192.

C. Bisherige Unwirksamkeit spezifischer Therapie.
Therapeutische Ausblicke.

Wenn wir oben gesehen haben, daß diejenigen Fälle von Kindbettfieber, die durch intrauterin gelegene Infektionsherde bedingt sind, häufig nach Beseitigung dieser Herde schnell abheilen, daß also der Satz Duncans[1] «for the sapraemia we have the arrestment of the putrid poisoning» — mutatis mutandis (!) — auch heute noch zu Recht besteht, so müssen wir leider ebenso feststellen, daß auch die Fortsetzung der Ausführungen Duncans «for the septicaemia and pyaemia we have no treatment in any sense antidotal or curative, in the humblest meaning of that word», trotz der enormen in dieser Hinsicht seither geleisteten Arbeit, heute noch in keiner Weise widerlegt ist!

Hatte die spezifische Serotherapie (passive Immunisierung) nach den Laboratoriums- und Tierversuchen zu den schönsten Hoffnungen berechtigten Anlaß gegeben, so erwiesen sich doch die klinischen Erfolge bei puerperalen Streptokokken-Infektionen mit den Antistreptokokkenseren des Handels, gleichgültig welchen, bis auf den heutigen Tag als höchst unsichere (Mayer)[2][3].

Ob sich die Resultate dadurch verbessern ließen, daß nach dem Vorschlage Zangemeisters statt Pferdeserum, spe-

---

[1] Duncan, The Lancet, 1880, Vol. II, p. 722.

[2] A. Mayer, Hegars Beitr. für G. u. G., Bd. 12. 1908, p. 155.

[3] R. Freund. Erfahrungen mit Antistreptokokkensera in der Geburtshilfe, in Wolff-Eisners Handb. d. Serotherapie, München, 1910, p. 133 bis 141. ·

zifisch präpariertes A f f e n s e r u m verwendet würde, ist
bis jetzt, wohl der technischen Schwierigkeiten wegen, nicht
nachgeprüft worden.

Dem Vorschlage von M e i s s l[4]), zur passiven Immunisierung vom Menschen gewonnenes R e k o n v a l e s z e n t e n -
S e r u m zu verwenden, widerspricht die bereits von
Z a n g e m e i s t e r[5]) angeführte und von m i r[6]) (— durch
gemeinschaftlich mit A. M a r x e r - Berlin ausgeführte Mäuse-
versuche —) bestätigte Tatsache, daß n u r i n d e n
s e l t e n s t e n F ä l l e n bei Patientinnen, die an schweren
Streptokokken-Infektionen erkrankt waren, selbst wenn sich
längere Zeit Keime im Blute vorgefunden hatten, I m m u n -
s t o f f e i m B l u t s e r u m nachweisbar sind.

Ebenso wie die passive Immunisierung hat die von
W. W i l l i a m s[7]) warm empfohlene und auch bei uns von
F l ü g g e[8]) noch kürzlich «als ein gewisser Fortschritt» be-
grüßte B a k t e r i o t h e r a p i e im Sinne W r i g h t s ver-
sagt[9]).

Mehr Erfolg durfte man sich von der u. a. von P e -
t r u s c h k y[10]) empfohlenen a k t i v e n I m m u n i s i e r u n g
versprechen. Eine solche ist von P o l a n o[11]) prophylaktisch
bei 100 Schwangeren mit durch Hitze abgetöteten Streptokokken ohne nachweisbaren Erfolg unternommen worden; ich
selbst habe auf Anregung von Prof. E. L e v y bei ca. 150
Schwangeren prophylaktische Impfungen mit durch Immun-
serum «s e n s i b i l i s i e r t e n», nachher vorsichtig durch
0,5prozentige Karbollösung abgetöteten Streptokokken ausge-

[4]) M e i s s l, Wiener kl. Wochenschr., 1909, p. 10.

[5]) Z a n g e m e i s t e r, Über Antistreptokokkenserum. Berliner klin. W.,
1909, p. 917, und Z a n g e m e i s t e r, Über Streptokokkenimmunität und
Serumbehandlung. Verhandl. d. D. Naturf. in Königsberg, 1910.

[6]) cf. H a m m, M. m. W., 1912, p. 868.

[7]) W i l l i a m s, Surgery, Gynaecology and Obstetrics, July 1910, p. 12
bis 19.

[8]) F l ü g g e, Ätiologie und Prophylaxe der Wundinfektion in K u t n e r,
Die Infektion, Jena, 1911, p. 342.

[9]) cf. R o b b e r s, Beiträge zur Bakteriotherapie des Puerperalfiebers.
Verhandl. d. D. Ges. für Gyn., Bd. XIII, 1909, p. 287.

[10]) P e t r u s c h k y, Diskussionsbem. in der Nordd. Ges. für Gynäkologie,
28. XI. 08; s. D. M. W., 1909, p. 510.

[11]) P o l a n o, Z. f. G. G., Bd. 56, 1905, p. 463.

führt. So günstig anfangs die Resultate schienen [12] [13]), mußte ich mich doch später davon überzeugen, daß trotz zum Teil recht hohen Vaccinationsdosen nur in einem kleinen Prozentsatz (ca. 13 %) der Schwangeren Schutzstoffe im Blute auftraten und daß Einzelne sogar an schweren Streptokokken-Infektionen erkrankten.

Wir sind deshalb von der praktischen Undurchführbarkeit einer spezifischen Prophylaxe für die Streptokokken-Infektionen, selbst bei Anwendung der theoretisch entschieden am aussichtsreichsten Methode der aktiv-passiven Immunisierung, heute ebenso überzeugt wie Zangemeister [14]) und möchten auf Grund unserer unzweideutigen Erfahrungen raten, den besonders in der englischen und amerikanischen Literatur immer wieder auftauchenden Empfehlungen der Vaccinationstherapie, speziell auch für die Gynäkologie, mit größter Skepsis zu begegnen. Was für die Streptokokken-Infektionen gilt, muß wohl auch für die meisten anderen puerperalen Infektionserreger angenommen werden. Bloß bei Diphtherie und Tetanus wird man von einem Versuch mit spezifischem Heilserum noch nicht absehen dürfen!

Ob die glänzenden Erfolge der modernen Chemotherapie [15]), durch die mit einem Schlage schwerste Infektionen geheilt werden, uns hoffen lassen dürfen, daß auch für die verderblichste Form des Kindbettfiebers, nämlich die Streptokokken-Infektion, ein spezifisch keimtötendes, für den menschlichen Organismus unschädliches Mittel gefunden werden wird, läßt sich bei der prinzipiellen Verschiedenheit zwischen Spirillosen und bakteriellen Infektionskrankheiten zunächst noch nicht übersehen.

Aber wenn diese Zeit auch noch in weiter Ferne liegen sollte, wenn wir uns auch vorläufig mit einer gewissen Resignation damit begnügen müssen, in dem « nil nocere » unsere beste Errungenschaft der unzähligen therapeutischen Versuche

---

[12]) cf. Hamm, Über aktiv-passive Immunisierung beim Puerperalfieber, Verhandl. der Ges. für Gyn., 1909, Bd. 13, p. 220.

[13]) E. Levy und A. Hamm, Über kombinierte aktiv-passive Schutzimpfung und Therapie beim Puerperalfieber. M. m. W., 1909, p. 1728.

[14]) Zangemeister, Franz-Veits Prakt. Ergebn., Bd. 1, 2, 1909, p. 435.

[15]) cf. Uhlenhuth, Experimentelle Grundlagen der Chemotherapie der Spirochaetenkrankheiten, Berlin, 1911.

der letzten Jahrzehnte zu erblicken, so dürfen wir doch überzeugt sein, daß bei konsequenter Verfolgung dieses Grundsatzes schon heute Tausende von Menschenleben gerettet werden können, die früher lediglich der ärztlichen P o l y p r a g - m a s i e zum Opfer fielen!

Die allgemeine Anerkennung eines möglichst schonenden und zurückhaltenden Prinzips in der Therapie des Kindbettfiebers konnte aber erst dann erwartet werden, wenn auch theoretisch der Beweis dafür erbracht war, daß all die Krankheitszustände, die man früher durch bloße Resorption putrider Stoffwechselprodukte, also durch eine rein chemische Intoxikation, bedingt wähnte, auf e c h t e W u n d i n f e k t i o n zurückzuführen sind, mit anderen Worten, wenn endgültig festgestellt werden konnte, daß die Saprämielehre D u n c a n s nicht zu Recht besteht!

In diesem Sinne möchte auch ich meine Ausführungen mit den Worten D u n c a n s [16]) beschließen: «P r o g r e s s i n s c i e n c e i s a f o u n t a i n o f p u r e s t p l e a s u r e t o i t s p r o m o t e r s a n d o f w i d e s p r e a d b e n e f i - c e n c e t o m a n k i n d».

---

[16]) D u n c a n, Treatment of puerperal fever, The Lancet. 1880, Vol. II. p. 724.